Isabel Nitzsche

Praxisbuch Konfliktlösung

Isabel Nitzsche

Praxisbuch Konfliktlösung

Konstruktiv und selbstbewusst im Umgang mit Kunden, Kollegen und Geschäftspartnern

Linde
international

Bibliografische Information Der Deutschen Bibliothek
Die Deutsche Bibliothek verzeichnet diese Publikation in der Deutschen Nationalbibliografie; detaillierte bibliografische Daten sind im Internet über http://dnb.ddb.de abrufbar.

Herausgeber: Dr. Andreas Lutz
Redaktion: Cornelia Rüping

ISBN 978-3-7093-0220-0

1210 Wien, Scheydgasse 24, Tel.: +43/1/24 630
www.lindeverlag.de
www.lindeverlag.at

Umschlag: buero8
Satz: deleatur (www.deleatur.com)
Druck: Hans Jentzsch & Co. GmbH, 1210 Wien, Scheydgasse 31
1

Inhalt

Einleitung

Viele Gründer starten euphorisch durch: Endlich können sie alles selbst entscheiden, und endlich gibt es keinen Chef mehr, mit dem sie sich auseinandersetzen müssen. Doch das bedeutet noch lange nicht, dass ihr Berufsleben von nun an in völliger Harmonie abläuft. Auch Gründer stehen nach einiger Zeit, oft erstmalig, vor der Herausforderung, Konfliktgespräche führen zu müssen. Die Gelegenheiten dazu sind vielfältig: Sie reichen von Preisdebatten oder Reklamationsgesprächen mit Kunden, Verhandlungen mit Lieferanten wegen Preisen, Terminen oder der Qualität über Diskussionen um Arbeitszeit, Gewinnanteil und Arbeitsstil von Mitgründern oder Mitarbeitern bis hin zu rechtlichen Konflikten wie etwa Markenrechtsverletzungen.

Gründern sind diese Gespräche oft unangenehm. Sie wissen nicht so recht, wie sie sich verhalten sollen. Schließlich wollen sie weder ihre Mitarbeiter verärgern noch ihre Kunden vergraulen. Oft müssen sie sich selbst erst einmal innerlich die Erlaubnis geben, auf gleicher Augenhöhe eigene, berechtigte Positionen zu vertreten und nicht zu schnell nachzugeben. Doch nur wer Konfliktgespräche souverän führen kann, wird auf Dauer respektiert werden und erfolgreich sein.

Allerdings fehlt den Gründern oft das notwendige Handwerkszeug, um sich mit Konflikten auseinanderzusetzen. Eine bundesweite Umfrage, die der Coach Christoph Trinkl jüngst mit rund 450 mittelständischen Unternehmen durchgeführt hat, ergab, dass 95 Prozent der Chefs spontan und aus dem Bauch heraus entscheiden. In drei Vierteln der Betriebe mangelt es an verbindlichen Entscheidungsregeln und Know-how. Nahezu alle Unternehmer versäumen es laut Studie zu überlegen, welche Stolpersteine die Umsetzung ihrer Entscheidungen verhindern könnten.

Dieses Buch, das sich an männliche und weibliche Leser gleichermaßen richtet, zeigt Ihnen, wie Sie als Gründer und Selbständige es schaffen, sich auf Konfliktgespräche vorzubereiten. Zudem erhalten Sie Tipps für das Führen solcher Gespräche. Machen Sie sich jetzt schon bewusst, dass Sie Konflikte nicht lösen, indem Sie nach dem Inhalt der jeweiligen Auseinandersetzung unterscheiden. Ganz egal, ob es um Streit wegen der unterschiedlichen Arbeitsauffassung zwischen zwei Mitgliedern im Gründerteam oder um die Reklamation eines unzufriedenen Kunden geht: Wie Sie Konfliktgespräche vorbereiten und führen, folgt immer denselben Prinzipien. Dazu gehört einiges an Denkarbeit und Fragen, die Sie sich selbst und der anderen Konfliktpartei stellen. Wer ernsthaft eine Lösung finden will, muss diese erst gemeinsam mit der anderen Konfliktpartei entwickeln.

Das mag auf den ersten Blick mühsam erscheinen, doch die Anstrengung lohnt sich in zweierlei Hinsicht. Zum einen, weil es sich mit einem gelösten Konflikt oder auch mit der Einsicht, dass ein Konflikt nun mal nicht zu lösen ist, besser lebt als mit ungeklärten Situationen. Zum anderen, weil jedes Konfliktgespräch als Übung für weitere Konfliktgespräche dienen kann. Die Erfolgserlebnisse beim Umgang mit Konflikten haben weniger damit zu tun, perfekte Lösungen zu finden, sondern vielmehr mit dem guten Gefühl, sich den Dingen gestellt zu haben, und dem Bewusstsein, gemeinsam mit anderen eine Lösung finden zu können – wie auch immer die im Detail aussehen mag.

Dieser Ratgeber ist mit seinen Fallbeispielen und zahlreichen Praxistipps nicht nur für junge Gründer interessant, sondern auch für Selbständige, die schon länger aktiv sind. Mein Ansatz besteht darin, Konflikte nicht als unangenehmes Schicksal, sondern als notwendigen Bestandteil des Unternehmerdaseins anzusehen und sie als Motor für die eigene persönliche Weiterentwicklung zu begreifen. Sich Konflikten zu stellen ist immer eine Chance, das eigene Profil zu schärfen, und setzt Energie für andere Tätigkeiten frei.

In über hundert Workshops, die ich geleitet habe, und in zahlreichen Einzelcoachings mit Angestellten und Selbständigen, habe ich immer wieder erlebt, wie sehr die Teilnehmerinnen und Teilnehmer davon profitieren, wenn sie Konflikten nicht mehr ausweichen und sich auf die Suche nach einer Lösung machen. In diesem Sinne: Nutzen Sie die Konflikte, die Ihnen begegnen, um sich selbst weiterzuentwickeln und entspannter zu leben und zu arbeiten. Das wünscht Ihnen

Isabel Nitzsche *München, im Februar 2009*

1. Typische Konfliktsituationen im Berufsalltag von Selbständigen

Ob es um Honorarverhandlungen geht, um Kunden, die sich beschweren oder nicht bezahlen, ob Sie mit Mitarbeitern oder auch Mitgründern über deren Arbeitszeit, Engagement oder Gewinnanteil diskutieren, mit Lieferanten verhandeln oder in juristische Auseinandersetzungen verstrickt sind – die Streitpunkte, die Ihnen als Selbständige/r oder Unternehmer/in begegnen, sind vielfältig. Versuchen Sie in solchen Situationen, kreative und konstruktive Lösungen zu finden.

Die meisten Menschen gehen Konfliktsituationen lieber aus dem Weg und ärgern sich hinterher, weil sie für sich selbst zu wenig erreicht haben. Das betrifft vor allem auch Selbständige und Gründer. Doch häufig können Sie sich viel Arbeit und Ärger ersparen, wenn Sie in einer kritischen Situation nur ein wenig nachdrücklicher auftreten, statt gleich nachzugeben. Sie haben das Recht dazu.

Wenn Sie es richtig anstellen, können Sie aus schwierigen Kunden, die sich bei Ihnen beschweren, zufriedene Kunden machen und Folgegeschäfte generieren. Auch viele andere Konfliktsituationen lassen sich häufig doch noch drehen, und es entsteht eine kooperative Zusammenarbeit, wie die folgenden Beispiele zeigen.

Preis- und Honorarverhandlungen mit Kunden

Viele Gründer haben zwar einen Businessplan geschrieben, aber nicht alle halten sich dann an ihre eigenen Vorgaben, wenn es darum geht, dem Kunden ein Angebot vorzulegen. Oft kalkulieren sie den Preis für ihr Produkt oder das Honorar für ihre Dienstleistung viel zu knapp. Andere sind schnell bereit, ihre Stunden- oder Tagessätze zu überdenken, wenn Kunden nicht bereit sind, die zunächst angegebenen Preise zu akzeptieren. Doch nur, wenn Sie bereits bei den Preis- oder Honorarverhandlungen zeigen, dass Sie ein Profi sind und etwas zu verhandeln haben, werden die Kunden Sie ernst nehmen und respektieren. Und Sie stärken Ihr Selbstbewusstsein, wenn Sie sich sagen: „Das bin ich wert."

Kunden, die sich nicht entscheiden können

Manche Kunden rufen Sie an und haben bereits entschieden, Ihr Produkt oder Ihre Dienstleistung kaufen zu wollen. Das ist natürlich super, aber nicht immer der Fall. Andere Anrufer löchern Sie mit Fragen und möchten sich dann doch nicht festlegen. In einer solchen Situation empfiehlt es sich, möglichst viele Informationen vom Kunden einzuholen. Stellen Sie offene Fragen, damit Sie Alternativen anbieten können. Und: Vermitteln Sie Ihrem Gegenüber die Sicherheit, dass er oder sie auf jeden Fall eine gute Entscheidung treffen wird – selbst wenn das vielleicht bedeutet, dass zu diesem

Zeitpunkt noch kein Geschäft zustande kommt. Kunden haben grundsätzlich das Recht, auch einmal lange für eine Entscheidung zu brauchen oder sich womöglich gar nicht zu entscheiden. Achten Sie aber darauf, dass Sie sich nicht ausnutzen lassen, und legen Sie fest, wie viel Zeit Sie maximal in eine solche Beratung investieren möchten.

Vermeiden Sie alles, was dazu führen könnte, dass der Kunde sich genötigt oder unter Druck gesetzt fühlt. Das führt nur zu inneren Widerständen. Wenn er dann überhaupt etwas kauft, wird er wahrscheinlich nicht noch einmal wiederkommen und sich diesem Druck ein weiteres Mal aussetzen wollen.

Kunden, die nicht zahlen

Dass Kunden nicht zahlen, kommt leider immer wieder vor. Viele Selbständige und Gründer warten dann viel zu lange. Sie haben Angst, dass sie den Kunden verlieren könnten, wenn sie zu penetrant nachhaken. Aber es hilft nichts, Sie müssen versuchen, doch noch an Ihr Geld zu kommen, indem Sie zum Kunden Kontakt aufnehmen und mit ihm sprechen oder im ärgsten Fall einen Anwalt oder ein Inkasso-Unternehmen beauftragen. Handeln statt Abwarten ist die Devise. Ein gutes Mahnwesen ist letztendlich Voraussetzung dafür, dass Ihr Unternehmen zahlungsfähig bleibt.

Im Gespräch

*Florian Buchholz** hat sich 2007 als freier Konstrukteur und Projektleiter selbständig gemacht. Gleich bei der allerersten Rechnung für seinen ersten Auftrag gab es Schwierigkeiten: Der Kunde zahlte nicht.

Was ist passiert?
Im Februar dieses Jahres nahm ich einen Auftrag von einem Ingenieurbüro in München an. Es war mein erster großer Auftrag, und ich war recht euphorisch, dass es nun endlich losging. Ich sollte die Konstruktionsabteilung vor Ort unterstützen. Die Bestellung lief über drei Monate mit Option auf Verlängerung. Mün-

* Name geändert

chen ist ungefähr 200 Kilometer von meinem Wohnort entfernt, zu weit, um täglich zu pendeln, und ich nahm mir in München ein Hotel. Das Arbeiten mit meinen Kollegen im Projektteam war sehr angenehm, und von meinem Auftraggeber bekam ich Lob und Anerkennung. Nach dem ersten Monat stellte ich dann eine Rechnung – doch es passierte nichts. Rund zwei Wochen später erinnerte ich meine Auftraggeberin mündlich an die Rechnung. Sie antwortete, dass ihr die Zahlungsverzögerung leidtäte, sie aber noch auf den Zahlungseingang eines Kunden wartete. Ich ging davon aus, dass es sich dabei um zwei bis drei Tage handeln würde. In den nächsten Tagen hörte ich ein Gespräch von Angestellten, die sich darüber austauschten, dass sie seit zwei Monaten kein Gehalt erhalten hatten. Dazu gab es weitere Hinweise, die auf eine Zahlungsunfähigkeit des Kunden hindeuteten.

Was haben Sie dann unternommen?
Ich sah mich gezwungen, in die Offensive zu gehen. Die Kosten für Kredit, Hotel, Fahrt und Verpflegung belasteten mein Konto. Nach rund dreieinhalb Wochen suchte ich erneut die Aussprache mit meiner Auftraggeberin. Sie nahm meine Rede teilnahmslos hin, ohne irgendwie zu reagieren. Ich setzte ihr eine Frist bis zum Monatsende – andernfalls würde ich die Arbeit einstellen. Bis zu dem Tag, an dem die Frist ablief, hatte das Unternehmen nicht bezahlt, die Chefin war an diesem Tag nicht im Büro. Ich hatte den Eindruck, sie wollte mir aus dem Weg gehen. Dann tat ich das, was ich eigentlich nicht tun wollte: Ich räumte meinen Arbeitsplatz. Was blieb mir anderes übrig? Sollte ich weiter für einen Kunden arbeiten, der anscheinend kurz vor der Insolvenz stand, sodass ich nicht sicher sein konnte, jemals mein Geld zu sehen? Betriebswirtschaftlich gab es für mich nur den Weg, sofort die Notbremse zu ziehen.

Haben Sie denn nicht weiter das Gespräch gesucht?
Doch, natürlich. Ich schrieb eine E-Mail und bot der Auftraggeberin an, zu zahlen und mich wieder ins Projekt zurückzuholen. Ich wusste, dass sich dieses Projekt in einer kritischen Phase befand und der Ausfall einer Arbeitskraft das Scheitern bedeuten konnte. In einem Telefonat mit mir lehnte die Geschäftsführung das jedoch ab, und ich setzte nochmals eine einwöchige Zahlungsfrist. Am Tag darauf schickte ich eine Mahnung per Einschreiben und kündigte bei Nichtzahlung die Übergabe des Falls an einen Anwalt an. Als der Kunde diese Frist wiederum versäumte, tat ich, was ich angekündigt hatte. Beim Anwalt musste ich erst einmal in Vorkasse gehen. Das Verfahren endete mit der Zustellung des Mahnbescheids über das Amtsgericht – danach zahlte der Kunde endlich.

War es tatsächlich nötig, dass Sie sich einen Anwalt genommen haben?
Ja, denn vorher wurde ich immer nur vertröstet, und der Kunde hat überhaupt nicht reagiert, das hat mich Nerven gekostet. Und die Anwaltskosten von rund 1.500 Euro musste der Kunde bezahlen.

Woher kannten Sie den Anwalt?
Er hatte mir geholfen, meine Allgemeinen Geschäftsbedingungen (AGB) auszuarbeiten; daher kannte ich ihn und habe ihn auch in diesem Fall um Unterstützung gebeten.

Was raten Sie anderen Selbständigen?
Ich kann nur jedem Gründer empfehlen, eigene AGB aufzustellen und sich dabei von einem Anwalt beraten zu lassen. Wenn Kunden nicht zahlen, sollte man versuchen, mit ihnen zu sprechen, und wenn das nichts bringt, zeitnah einen Anwalt einschalten. Man darf keinesfalls warten, bis man selbst zahlungsunfähig ist.

Reklamationen und Beschwerden von Kunden

Ihr Telefon klingelt, ein sehr wichtiger, sehr verärgerter Kunde ist in der Leitung. Was tun? Bitten Sie in einem solchen Moment Ihren Gesprächspartner darum, so viele Details zum Sachverhalt wie möglich zu schildern. Fragen Sie ihn, welche Reaktion er von Ihnen und Ihrem Unternehmen erwartet, und notieren Sie seine Antworten.

Lassen Sie sich nicht von seinem Ärger anstecken, sondern beschäftigen Sie sich stattdessen damit, sein Anliegen richtig zu verstehen, und fragen Sie wenn nötig nach. So zeigen Sie Ihrem Gegenüber, dass Sie ihn und seine Beschwerde ernst nehmen. Denken Sie während des Telefonats daran, dass dieser Kunde positiv und wertvoll für Ihre Firma ist – weil er schließlich das Überleben Ihres Unternehmens sichert. Bemühen Sie sich daher darum, eine für beide Seiten akzeptable Lösung zu finden. Wenn man auf Beschwerden professionell reagiert und in einer solchen Situation dem Fehler auf den Grund geht, entwickeln sich die Betreffenden in vielen Fällen zu besonders zufriedenen Kunden, die bereits im Verlauf eines Beschwerdegesprächs Zusatzkäufe erledigen und Sie als Anbieter gern an andere weiterempfehlen.

Enttäuschung nach der Gründung mit Partnern

Das große Ziel „gemeinsame Firma" hat Sie und Ihre Mitgründer zusammengeschweißt, und dann das: Eigentlich hatten Sie sich die Zusammenarbeit mit Ihren Partnern anders vorgestellt. Die halten jetzt nämlich Verabredungen und Absprachen nicht ein und liefern Arbeit in einer Qualität ab, für die Sie vor den Kunden nicht geradestehen wollen.

Auch wenn es unangenehm ist, solche Konflikte müssen geklärt werden. Sie müssen sich mit Ihren Mitgründern auseinandersetzen und besprechen, wie sich die einzelnen Teammitglieder die Zusammenarbeit vorstellen und welche Probleme tatsächlich auftreten. Und falls am Ende herauskommt, dass sich die Vorstellungen nicht zusammenbringen lassen, ist ein Ende mit Schrecken besser als ein Schrecken ohne Ende.

Diskussionen um die Arbeitszeit und das Engagement von Mitarbeitern

Vielen Gründern liegt sehr daran, zu ihren Mitarbeitern ein gutes Verhältnis zu haben. Gerade Frauen pflegen in der Euphorie des Starts oft eine freundschaftliche Beziehung zu ihren Angestellten und sind viel zu nett. Sie wollen keine klassische Chefposition einnehmen und sind der Meinung, dass die Mitarbeiter doch selbst sehen, was wie zu tun ist. Die Realität gestaltet sich häufig anders: Weil für die Mitarbeiter keine klaren Regeln erkennbar sind, nutzen sie das aus, leisten zu wenig oder nehmen sich Sonderrechte heraus. Spätestens dann ist der Zeitpunkt für Gründer und Gründerinnen gekommen, sich einmal Gedanken über den eigenen Führungsstil zu machen.

Es gibt verschiedene Möglichkeiten, Mitarbeiter zu führen. Der Sozialpsychologe Kurt Lewin unterschied drei grundlegend unterschiedliche Führungsstile, und dieses Modell ist auch heute noch hilfreich.

- Autoritäre Führung: Der Vorgesetzte ordnet an.
- Demokratische beziehungsweise kooperative Führung: Der Vorgesetzte bezieht die Mitarbeiter in seine Entscheidungen mit ein.
- Laisser-faire-Führung: Der Vorgesetzte lässt seine Mitarbeiter nach deren Gutdünken handeln und mischt sich kaum ein.

Heute gilt: Als optimal wird der situative Führungsstil angesehen. Das bedeutet, die Art der Führung hängt von der jeweiligen Situation ab und kann dann jeweils autoritär oder kooperativ sein.

Doch vielen Gründern fehlt die Erfahrung als Führungskraft, und sie wissen nicht, wie sie nun mit ihren Mitarbeitern umgehen sollen. Das kann dazu führen, dass sie sich nicht trauen, den Mitarbeitern Grenzen zu setzen, und diese dann die Laisser-faire-Haltung ausnutzen, die im Unternehmen herrscht. Viele Gründer haben auch nicht gelernt, richtig zu delegieren, sodass den Mitarbeitern nicht klar ist, worin genau ihre Aufgabe besteht. Andere legen ihre eigene unternehmerische Haltung als Maßstab zugrunde und können nicht verstehen, warum ihre Mitarbeiter nicht genauso engagiert wie sie selbst arbeiten.

Wie sieht es bei Ihnen aus? Erwarten Sie vielleicht auch ein bisschen zu viel? Andererseits haben Sie durchaus das Recht, die Mitarbeiter zu fordern. In diesem wie in den anderen Fällen geht es darum, den Mitarbeitern zu vermitteln, dass Sie als Vorgesetzte/r nicht zufrieden sind. Dann ist es an Ihnen, genau darzulegen, was die Betreffenden anders machen sollen. So ein Gespräch erfordert eine besonders gründliche Vorbereitung, da es nicht damit getan ist, dass Sie pauschal Ihre Unzufriedenheit erklären. Sie müssen sich überlegen, mit welchen Beispielen Sie im Einzelnen veranschaulichen können, was exakt Sie in Zukunft anders haben wollen.

Im Gespräch

Lena Sprenger arbeitet als Geschäftsführerin bei einer Unternehmensberatung, die Non-Profit-Organisationen als Kunden hat. Neben den insgesamt vier Geschäftsführern gibt es fünf freiberufliche Berater sowie eine festangestellte Assistentin. Die Zusammenarbeit mit den Beratern klappt gut – die mit der Assistentin leider nicht. Immer wieder wird diese Stelle frei und muss neu besetzt werden, was auch gerade jetzt wieder der Fall ist.

Was ist das Problem mit Ihrer Assistentin?

Wir sind ein kleines Team und erwarten auch von unseren Mitarbeitern ein ähnlich großes Engagement und den Ehrgeiz, den wir als Unternehmer an den Tag legen. Unsere jetzige Assistentin denkt in manchen Punkten nicht mit. Sie legt zum Beispiel Tabellen in einer Form an, dass wir hinterher mit den Daten nicht weiterarbeiten können. Sie ist zwar bemüht, aber sie hat nicht wirklich den Ehrgeiz mitzudenken, obwohl wir ihr immer wieder gesagt haben, was wir brauchen. Sie hat uns auch nicht gezeigt, dass sie bereit ist, etwas dazuzulernen.

Vielleicht ist sie überfordert?
Ja, das hat sie selbst auch gesagt. Sie hat ganz schnell das Gefühl, unter Druck gesetzt zu werden, obwohl wir das überhaupt nicht beabsichtigen. Deshalb geht sie jetzt auch lieber ganz, obwohl wir ihr noch drei Monate lang eine Chance gegeben hätten.

Liegt auch ein Teil der Verantwortung für diese Situation bei Ihnen gemeinsam als Unternehmer-Team?
Ja, wir haben am Anfang nicht deutlich genug gesagt, was wir genau verlangen. Wir sind einfach von unserem eigenen unternehmerischen Anspruch ausgegangen und haben aber übersehen, dass Arbeitnehmer den nicht selbstverständlich mitbringen.

Was wollen Sie jetzt ändern?
Wir haben Arbeitsplatzbeschreibungen erstellt. So können wir klarer vermitteln, was wir wollen und was fürs Unternehmen wichtig ist. Wir können so aber auch besser delegieren und die Arbeitsergebnisse leichter überprüfen, sodass wir frühzeitig eingreifen können. Da wir nicht Einzelaufgabe für Einzelaufgabe vergeben möchten, ist es wichtig, dass wir ganz deutlich die Ziele vorgeben.

Verhandlungen mit Lieferanten und Dienstleistern über Preise, Termine oder Qualitätskontrollen

Darüber hinaus gibt es Situationen, in denen Sie als Gründer oder Selbständiger der Kunde sind – zum Beispiel gegenüber Ihren Lieferanten und Dienstleistern. Was tun, wenn Sie von denen eigentlich mehr erwartet haben? Wie können Sie Lieferanten und Dienstleister dazu bringen, das zu liefern, was Sie als Kunde haben wollen?

Auch hier sind Sie gefordert, sich mit Ihren Lieferanten und Dienstleistern über Ihre Vorstellungen auseinanderzusetzen und zu versuchen, eine verlässliche Beziehung aufzubauen. Dazu gehört zum Beispiel zu trainieren, dass die andere Seite Bescheid sagt, wenn Termine nicht eingehalten werden können oder Lieferungen nicht vollständig beziehungsweise fehlerhaft sind. Wenn beispielsweise Ihre Webdesignerin zwar ein grafisch geschultes Auge hat, auf Ihrer Homepage aber immer wieder Texte falsch umbrochen sind, sodass Trennungsfehler auftauchen, kann es nicht sein, dass Sie Korrektur lesen und dann rückmelden, was verbessert werden soll. Stattdessen sollten Sie mit der Webdesignerin ein Gespräch darüber führen, wie sie selbst sicherstellt, dass solche Fehler in Zukunft nicht mehr auftreten.

Rechtliche Konflikte mit Wettbewerbern

Freiberuflich tätig zu sein oder ein eigenes Unternehmen zu führen bedeutet immer, dass rechtliche Probleme auf einen zukommen können. Plötzlich stellen Sie zum Beispiel fest, dass jemand in seiner Webadresse Ihren Namen benutzt.

Was Sie dagegen tun können, auch ohne Anwälte und Gerichte einzuschalten, ist eine ganze Menge, wenn Sie geübt in Konfliktgesprächen sind. Wenn Sie sich im Guten einigen, finden Sie dabei manchmal sogar neue Geschäftspartner. Und wenn es am Ende doch einmal nur noch um eine Lösungssuche mithilfe von Anwälten und Gerichten gehen sollte, werden Sie sich auf jeden Fall besser fühlen, wenn Sie sich sagen können, dass Sie bis dahin bereits alle anderen Möglichkeiten, den Konflikt zu lösen, ausgelotet haben.

Ganz wichtig: Um welche Konfliktsituation es sich auch immer handelt, die Mechanismen, die dabei wirken, sind meist dieselben. Daher gibt es kein Patentrezept, wie Selbständige eine bestimmte Situation lösen können, sondern nur Regeln, mit denen sich Konflikte bearbeiten lassen. Zwar wäre ein Patentrezept eine feine Sache, doch machen Sie sich noch einmal klar: Jeder, der anfängt, sich mit der Lösung seiner Konflikte zu beschäftigen, profitiert selbst davon. Während anfangs eher die Ängste im Vordergrund stehen und die Unsicherheit groß ist, wie man problematische Themen überhaupt ansprechen soll, tritt später ein Übungseffekt ein. Es wird so immer leichter, sich den Konflikten zu stellen und sie anzugehen. Und sie rauben immer weniger Energie, die Sie dringend für Ihre anderen Tätigkeiten als Gründer oder Selbständige brauchen.

2. Die sechs wichtigsten Fragen zum Thema Konflikte

Was bedeutet das Wort „Konflikt“? Warum ist es oft so unangenehm, sich Konflikten zu stellen? Wie lassen sich Sach- und Beziehungskonflikte unterscheiden? Was sind innere Konflikte? Gibt es unterschiedliche Arten, Konflikte zu lösen? Wann ist der beste Zeitpunkt, einen Konflikt anzusprechen, und was gewinnen Sie dadurch? Antworten auf die wichtigsten Basisfragen finden Sie in diesem Kapitel.

Was bedeutet das Wort „Konflikt“?

„Konflikt“ kommt vom lateinischen Wort „confligere“, was so viel heißt wie „zusammenstoßen“. Das können unterschiedliche Haltungen, Werte, Normen, aber auch unterschiedliche handfeste Interessen sein. Es steckt viel Positives in diesem Bild vom „Zusammenstoß“. Damit ist viel Energie verbunden, verschiedene Kräfte wirken, und es beinhaltet Austausch und Kontakt.

Wie es ist, wenn verschiedene Interessen zusammenstoßen, kennt jeder aus dem Privatleben. Wenn sich zum Beispiel bei der Wahl des Urlaubsorts herausstellt, dass sie lieber zum Trekking in die Berge aufbrechen will, während er entspannt am Strand relaxen und beim Surfen seinen Spaß haben möchte. Oder wenn er es schätzt, dass die Wohnung immer penibel aufgeräumt ist, sie es aber eher gemütlich-chaotisch liebt.

Genauso gibt es auch im Job immer wieder gegensätzliche Interessen und Vorlieben, die aufeinanderstoßen. Das gehört zum normalen Berufsalltag. Egal, ob zwei Mitglieder eines Gründerteams über unterschiedliche Marketingstrategien diskutieren, die Arbeit eines freien Mitarbeiters nicht den Qualitätsansprüchen des Auftraggebers entspricht oder ein Kunde sich an bestimmte Vereinbarungen nicht mehr erinnern kann. Oft kommt es auch zu Konflikten, weil jeder aufgrund seiner Rolle unterschiedliche Vorstellungen und Erwartungen hat. Die Anzeigenabteilung einer Zeitschrift zum Beispiel verfolgt kommerzielle Interessen, während die freiberuflichen Mitarbeiter der Redaktion bei der Arbeit ihre ethischen Vorstellungen von gutem Journalismus verwirklicht sehen wollen.

Warum ist es oft unangenehm, sich Konflikten zu stellen?

Woran denken Sie, wenn Sie das Wort „Konflikt“ hören? Wahrscheinlich an Ärger, Wut, Streit, Frust, vielleicht auch an Angst. Da geht es Ihnen wie vielen Menschen. Und trotzdem: Diese Sichtweise ist einseitig. Weil damit aber so viele unangenehme Gefühle verbunden sind, neigen viele dazu, an dieser Stelle lieber aufzuhören mit dem Nachdenken. Konflikte und alles, was dazugehört, werden lieber verdrängt. Die Bonner Trainerinnen Birgit Billen und Ellen Schepp-Winter haben in ihrem Buch „So bewältige ich als Frau Konflikte im Beruf“ (Mannheim 1993) festgestellt, dass viele Menschen Konflikte „als eine Art Unfall“ in ihren Beziehungen erleben und hoffen, dass sie heil aus der Sache herauskommen. Natürlich steckt in dieser Sicht der Dinge auch, dass es am besten wäre, den Unfall, sprich den Konflikt, ganz zu vermeiden.

Was ist so unangenehm an Konflikten? Wir haben Angst, dass eine Beziehung unter dem Konflikt leiden könnte oder die sachlichen Unterschiede doch so groß sind, dass eine Zusammenarbeit auf Dauer unmöglich ist. In der Folge könnte die Kooperation scheitern, der Mitarbeiter kündigen oder die Kundin ihren Auftrag stornieren. Sich Konflikten zu stellen bedeutet immer einen Gang ins Ungewisse. Wir wissen nicht, ob wir zu einer Lösung des Konflikts kommen und wie diese aussehen könnte. Und in der Regel erscheint uns Unbekanntes bedrohlich und macht uns Angst. Lieber lassen wir die Dinge erst einmal so laufen, wie sie sind. Dass dieses Verhalten später einen hohen Preis kosten könnte, ahnen wir vielleicht, verdrängen es aber zunächst in der Hoffnung, dass alles gut gehen wird, oder indem wir uns einreden, dass die Schwierigkeiten doch nicht so gravierend sind.

Welche Arten von Konflikten gibt es?

Konflikte im Job können ganz unterschiedliche Schwierigkeitsgrade aufweisen. Dabei spielen verschiedene Faktoren eine Rolle. Entscheidend ist, auf welcher Ebene sich der Konflikt abspielt:

- auf der Sachebene,
- auf der Beziehungsebene oder
- als innerer Konflikt.

Sachkonflikte lassen sich meist relativ leicht klären. Die Beteiligten sind nicht so stark betroffen, der Konflikt gefährdet ihre Beziehung nicht. Quasi eine Schwierigkeitsstufe höher sind Beziehungskonflikte einzuordnen. Auch sie enthalten meist eine sachliche Komponente, die aber nicht leicht erkennbar ist. Das liegt daran, dass die Beziehung zwischen den Beteiligten bereits gestört ist und meist beide Parteien gefühlsmäßig sehr stark engagiert sind (auch wenn sie das nicht offen zugeben). Bei inneren Konflikten ist es für die Betroffenen oft schwer festzustellen, in welchem Zwiespalt sie stecken. Hier spielen verschiedene moralische Werte, Normen und Glaubenssätze eine Rolle. Diese Konflikte sind deshalb nicht auf die Schnelle in den Griff zu bekommen, sondern erfordern eine geduldige Beschäftigung mit sich selbst, um langfristig Blockaden abzubauen.

Wer einen Konflikt klären will, muss also als Erstes erkennen, worum es dabei eigentlich geht. Weil ein Konflikt in der Regel auf mehreren Ebenen gleichzeitig auftritt, ist es nicht immer auf Anhieb möglich, den Schwerpunkt festzustellen. Bei genauer Betrachtung kristallisiert sich jedoch meist eine Hauptebene heraus, auf der Sie ansetzen können, um den Konflikt zu lösen.

Sachkonflikte: Wenn es doch nur so einfach wäre

Wenn es die Beteiligten schaffen, Konflikte im Job rein sachlich zu betrachten, lässt sich eine Lösung oft leicht finden. Es gelingt, die unterschiedlichen Interessen abzuwägen und eine für alle akzeptable Lösung zu finden, häufig auf der Basis von Kompromissen. Die Gründerin mit Kind beispielsweise kann in den Sommerferien verreisen, während der Gründerkollege, der ebenfalls Kinder hat, dafür den Familienurlaub über Weihnachten und Ostern plant. Im Jahr darauf läuft es dann umgekehrt. Tagtäglich schaffen wir es so, im Job Konflikte zu lösen. Die Essener Trainerin Birgit Westerholt unterteilt in ihrem Buch „Frauen können führen" (Weinheim 1998) noch einmal in drei Arten von Sachkonflikten:

- Beurteilungs- oder Wegkonflikte
- Bewertungs- oder Zielkonflikte
- Verteilungskonflikte

Beurteilungs- oder Wegkonflikt

Alle sind sich über das Ziel einig, nur nicht darüber, mit welchen Mitteln es erreicht werden soll. Beispiel: Welche der drei zur Debatte stehenden Marketingstrategien eignet sich am besten, um den Umsatz zu erhöhen? Das Ziel ist klar, nur der Weg noch nicht.

Ebenso verhält es sich bei folgendem Beispiel: In der Gründungsphase eines Unternehmens werden verschiedene Dienstleister mit der Programmierung einer umfassenden Website beauftragt. Doch dann stellt sich heraus, dass der Investitionsbedarf für das Gesamtvorhaben größer ist als ursprünglich geplant. Zwei der drei Gründer sind dafür, die Pläne trotzdem weiter durchzuziehen und die Website erstellen zu lassen, um keine Zeit zu verlieren. Der dritte möchte diesen Auftrag erst einmal stoppen und die Finanzierung klären. Derartige Beurteilungskonflikte entstehen meist durch unterschiedliche berufliche Erfahrungen, Informationsstände oder unklare Kommunikation, aber auch durch Machtstreben und Dominanzverhalten. Ist Letzteres der Fall, spielt die Beziehungsebene eine große Rolle. Dann wird es schwierig, die sachliche Basis des Konflikts herauszufinden.

Bewertungs- oder Zielkonflikt

Hintergrund solcher Konflikte ist, dass sich die Beteiligten nicht über das Ziel einig sind, das verfolgt werden soll. So kann zum Beispiel die Redaktion eines Fernsehsenders mit einer besonders spektakulären, gewalttätigen Show vor allem hohe Zuschauerzahlen erreichen wollen. Doch die Vermarktungsagentur hat dann das Problem, Werbung für die Werbepausen zu verkaufen, weil die Kunden das schlechte Image der Sendung scheuen. Für einige der Beteiligten hat das eigene Ziel oft so hohe Priorität, dass es ihnen schwerfällt zu erkennen, dass die andere Konfliktpartei ganz andere, ebenfalls berechtigte Ziele haben kann.

Verteilungskonflikte

Diese Art von Konflikt lässt sich meist am leichtesten erkennen. Beispiel: Die Zahl der zu verteilenden Güter ist begrenzt, etwa die Anzahl der Fensterplätze im Großraumbüro. Oft ist es schwer, für die Verteilung einen geeigneten Schlüssel zu finden. Dennoch ist es notwendig, eine einvernehmliche Lösung zu erreichen, da vermeintliche Ungerechtigkeiten auf die Betroffenen demotivierend wirken. Es gibt zudem Verteilungskonflikte mit umgekehrten Vorzeichen, wenn es etwa darum geht, wer welche Arbeit im Team übernimmt, und einzelne Teammitglieder der Meinung sind, an sie sei bereits genug Arbeit verteilt worden.

Wie schön, dass sich Sachkonflikte oft leicht erkennen lassen. Aber häufig bleibt es nicht dabei, sondern es gibt einen entscheidenden Konflikt unter der sachlichen Oberfläche. Deswegen stellen rein sachliche Anliegen meist gar nicht die Ursache für Probleme im Job dar, sondern sie verdecken nur die wahren Schwierigkeiten, auf die ich im Folgenden zu sprechen komme. Interessant ist, dass Männer einen Konflikt eher auf der Sachebene sehen und dazu neigen, Beziehungsaspekte zu ignorieren, während es bei Frauen häufig umgekehrt ist. Sie tendieren dazu, Konflikte eher als Beziehungskonflikte zu interpretieren, auch wenn der sachliche Anteil sehr groß ist.

Beziehungskonflikte: Nehmen Sie's auch persönlich

Genau wie im Privatleben „menschelt" es im Job. Zum Beispiel bei den Themen „Urlaubsplanung", „persönliches Engagement" oder „Qualität der Ergebnisse" gerät man sich hier wie dort leicht in die Haare, anstatt in Ruhe zu überlegen, wie man gemeinsam allen Interessen gerecht werden könnte. Machen Sie sich bewusst, dass in unserer Arbeitswelt ganz unterschiedliche Persönlichkeiten vertreten sind – Gründer/innen, Mitarbeiter/innen, Kundinnen und Kunden, Lieferantinnen und Lieferanten. Das wirkt sich natürlich auf die Beziehungen untereinander aus und damit auch auf mögliche Konflikte.

Hinzu kommt, dass Kommunikation generell einen Inhalts- und einen Beziehungsaspekt hat. Oft ist es deswegen gar nicht möglich, Konflikte rein auf der sachlichen Ebene zu lösen. Und auf der Beziehungsebene bewegen sich die Beteiligten eines Konflikts meist voneinander weg, sodass sie eine völlig andere subjektive Wahrnehmung der Dinge haben und es keine gemeinsame Wahrheit gibt. Das Problem dabei: Den Beteiligten ist meist nicht klar, wie eng die Sach- und die Beziehungsebene miteinander verknüpft sind. Ist ein Konflikt erst einmal eskaliert, lässt sich oft gar nicht mehr erkennen, welcher sachliche Grund ursprünglich der Auslöser war.

Wenn zum Beispiel bei einem mehrtägigen Workshop am ersten Tag in der Gruppe debattiert wird, ob die Fenster offen oder geschlossen sein sollen, findet sich relativ leicht eine Lösung für das Problem. Die Teilnehmer kennen sich noch nicht, und die persönlichen Beziehungen sind zunächst neutral. Aus diesem Grund bemüht sich die Gruppe, eine sachlich orientierte Lösung zu finden, mit der alle einverstanden sind, zum Beispiel einigt sie sich darauf, nach jeder vollen Stunde die Fenster für fünf Minuten zu öffnen.

Drei gemeinsame Workshop-Tage später sieht das vielleicht schon anders aus. Ein Teilnehmer spielt sich ständig bei allen möglichen Themen in den Vordergrund. Das nervt zwei Teilnehmerinnen, die sich übergangen fühlen, sie sind inzwischen schon ziemlich sauer. Und jetzt will dieser Mann auch noch, dass das Fenster dauernd offen steht. Bei diesem Konflikt schwingt nun mit, dass es auf der Beziehungsebene Schwierigkeiten zwischen den Teilnehmern gibt. Eine sachliche Lösung zu finden ist weiter möglich, gestaltet sich aber schwieriger.

Tipp

Sach- oder Beziehungskonflikt?

Um zu klären, ob es bei einem Konflikt mehr um die Sache oder die Beziehung geht, schlagen die Trainerinnen Birgit Billen und Ellen Schepp-Winter Folgendes vor: Stellen Sie sich vor, dass Sie das anstehende Problem mit einem anderen Menschen haben, dem Sie positiv oder neutral gegenüberstehen. Würde sich derselbe Sachkonflikt mit einem Freund oder einer Freundin auf genau die gleiche Art und Weise darstellen?

Beziehungskonflikte lassen sich oft gut mithilfe des sogenannten „Drama-Dreiecks“ nachvollziehen. Dabei handelt es sich um ein Modell aus der psychologischen Richtung der Transaktionsanalyse, die davon ausgeht, dass auch unter Erwachsenen bestimmte meist unbewusste psychologische Spiele stattfinden. Beim Drama-Dreieck können die Konfliktparteien verschiedene Rollen einnehmen: „Retterin“ oder „Retter“, „Verfolgerin“ oder „Verfolger“ oder „Opfer“. Die Konstellation zwischen den Beteiligten bildet dabei charakteristischerweise ein Dreieck, doch das ist ihnen meist selbst nicht bewusst.

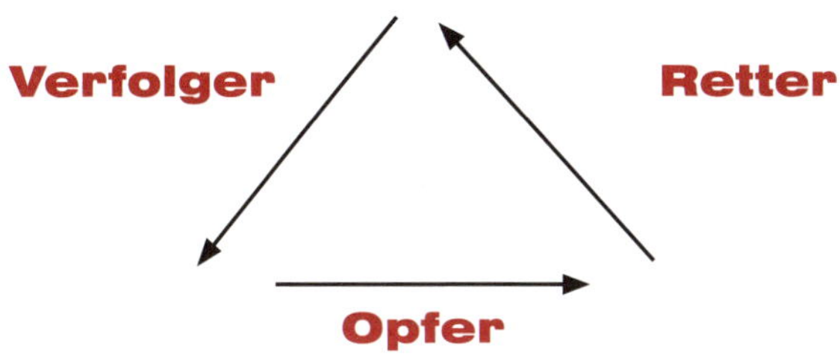

Der Verfolger verfolgt das Opfer, das Hilfe und Unterstützung vom Retter erwarten kann. Der Retter wiederum versucht dann, auf den Verfolger einzuwirken. Das ganze Spiel läuft dynamisch ab. Nicht immer verharren die Beteiligten in derselben Rolle, sie können auch leicht zwischen den Rollen wechseln. Das ist zum Beispiel der Fall, wenn das Opfer die Hilfsangebote des Retters mit Bemerkungen abschmettert wie „Das nützt doch sowieso nichts“. So wird das Opfer durch seine negative, anklagende Haltung im übertragenen Sinn selbst zum Verfolger. Und der Retter wird sozusagen selbst zum Opfer, weil seine Rettungsversuche misslingen.

Wenn Sie sich darüber klar sind, dass Sie beim Drama-Dreieck eine bestimmte Rolle einnehmen, können Sie entscheiden, ob Sie diese weiterspielen oder auch nicht. Wenn Sie sich fürs Weiterspielen entscheiden, gibt es keine Lösung des Konflikts, das heißt, dass Sie beispielsweise in der Opferrolle verharren. Das könnte der Fall sein, wenn Sie sich von Ihren Mitgründern weiter Vorhaltungen machen lassen, dass Sie nicht engagiert genug arbeiten, und sich darüber nicht mit ihnen auseinandersetzen. Stattdessen beschweren Sie sich nur bei Ihrem Anwalt darüber, dass Ihre Mitgründer Sie schlecht behandeln.

Wenn Sie dagegen einem Verfolger gegenüber die Ihnen zugewiesene Opferrolle zurückweisen, können Sie aus dem Spiel aussteigen. Und zwar ist das möglich, indem Sie beispielsweise die Mitgründer fragen, warum sie meinen, dass Sie nicht engagiert genug seien und was sie sich erwarten. Dabei müssen Sie den anderen Beteiligten nicht großartig erklären, dass Sie sich momentan in einem Drama-Dreieck befinden. Eine Konfliktlösung ist in vielen Fällen erst möglich, wenn einer der Beteiligten seine Funktion durchschaut und sozusagen aus dem Spiel heraustritt. Wenn einer seine Rolle nicht mehr erfüllt, dann ändern sich auch unumgänglich die Rollen der Mitspieler.

Was ist ein innerer Konflikt?

Bei inneren Konflikten stehen oft eigene unterschiedlichste Ansprüche, die jeder an sich selbst hat, in einem Zwiespalt zueinander. Oder die eigenen Glaubenssätze, die einen meist seit der Kindheit begleiten, erweisen sich als Hindernisse.

Im Gespräch

*Gudrun Weber** ist seit drei Jahren mit einer PR-Agentur selbständig. Manchmal fühlt sie sich Auftraggebern gegenüber unsicher und befürchtet, nicht das einlösen zu können, was diese aufgrund ihres kompetenten Auftretens von ihr und ihrer Dienstleistung erwarten.

* Name geändert

Worin genau besteht Ihr innerer Konflikt?
Ich habe an mich den Anspruch, immer sehr professionell und glaubwürdig aufzutreten und so auch auf meine Kunden zu wirken. Als Selbständige kaufen die Leute mich – ich bin die Marke! Aber ich habe kein Volontariat absolviert und auch noch nicht Hunderte von Referenzen. Bei manchen Aufträgen fühlte ich mich gerade in der Anfangszeit klein, dachte aber, dass es nicht gut ist, meine mangelnde Erfahrung zuzugeben. Ich versuchte dann, das zu überspielen.

Funktioniert das denn?
Zunächst schon, aber bei der Auftragsabwicklung kann es dann zu Schwierigkeiten kommen. Zum Beispiel bei dem Auftrag, den ich von der Leiterin einer Event-Agentur bekommen hatte. Für eine ihrer Gästegruppen plante ich eine Ausstellungsbesichtigung, bei der es nicht nur eine offizielle Führung geben sollte, sondern bei der ich auch in einen „Dialog mit dem Publikum" treten sollte. Vor meiner Kundin hatte ich großen Respekt, sie hatte immerhin jahrzehntelange Berufserfahrung. Ich dachte mir, dass sie meine Erklärungen, was ich plane, schon verstehen würde. So richtig traute ich mich aber nicht, sie danach zu fragen, ob wir inhaltlich auf einer Linie liegen. Mein Part mit den Gästen war dann ein Desaster. Kaum jemand verstand, worauf ich hinauswollte. Mein Konzept war viel zu abgehoben, und meine Auftraggeberin war hinterher richtig sauer auf mich.

Was machen Sie heute anders?
Heute versuche ich tatsächlich auf Augenhöhe mit meinen Kunden zu sprechen und möglichst transparent zu machen, was ich leisten kann und was nicht. Ich suche den Austausch darüber, was der Auftraggeber möchte und was ich möchte und bieten kann. Ich bin nicht mehr so im Zwiespalt gefangen, einerseits ehrlich und glaubwürdig zu sein und andererseits das Gefühl zu haben, ich müsste bluffen. Natürlich versuche ich auch heute, mich nicht schlecht darzustellen, aber ich spreche dann eher vom Schwerpunkt meines Portfolios, zu dem bestimmte Themen eben bisher mehr gehörten und andere weniger, und damit habe ich gute Erfahrungen gemacht. Wenn ich der Meinung bin, dass ich tatsächlich etwas nicht allein bewältigen kann, tausche ich mich mit erfahrenen Kollegen aus, suche mir weitere fachliche Unterstützung oder mache im Einzelfall auch einmal ein Coaching zu einem bestimmten Aspekt.

Genauso wie wir Konflikte mit anderen Menschen haben, sind wir häufig auch mit uns selbst uneinig und fühlen uns innerlich zerrissen. Vielen beruflichen Situationen, die unbefriedigend verlaufen, liegen Konflikte in uns selbst zugrunde. Wir haben vielleicht verschiedene widerstreitende Bilder in unserem Kopf, wie wir zu sein haben. Oder wir folgen schon seit langem verinnerlichten Glaubenssätzen, die wir noch nie hinterfragt haben. Meist wurden sie uns anerzogen und waren für unser früheres Verhalten nützlich. Doch inzwischen stehen sie uns im Weg. Viele Menschen sind sich dieses Widerstreits gar nicht bewusst und bleiben so in ihm stecken. Natürlich ist auch diese Konfliktebene wieder mit den anderen verzahnt: Der innere Konflikt wirkt sich auf die persönlichen Konflikte im Beruf aus, die wiederum mit den sachlichen Konflikten zusammenhängen. Das Ganze ist also vielschichtig und schwer zu trennen. Doch bei genauer Analyse stellt sich meistens heraus, dass ein Aspekt im Vordergrund steht.

Auch wenn Ihnen dieser Gedanke vielleicht zunächst gar nicht behagt: Nicht selten stellt sich heraus, dass der Kern eines Konflikts in einem selbst liegt. Die Schwierigkeiten unserer Mitmenschen erkennen wir oft leicht, bei uns selbst haben wir allerdings einen blinden Fleck. Wenn Sie vielleicht nur ahnen, dass Sie in einem inneren Konflikt stecken oder bei der Beschäftigung damit nicht weiterkommen, könnte Ihnen ein Coaching, eine Einzelberatung, helfen. Mithilfe des Coachs können Sie die Situation aus einer anderen Perspektive sehen und neue, aufschlussreiche Erkenntnisse sammeln.

Innere Konflikte sind an der Tagesordnung, doch sie müssen sich nicht immer dramatisch ausweiten. Die Kunst besteht darin, sie rechtzeitig wahrzunehmen, bevor sie mit aller Macht auf sich aufmerksam machen. Um innere Konflikte besser als solche erkennen zu können, hilft es, sich klarzumachen, was einen bei seinen Handlungen antreibt. Viele Menschen haben im Lauf ihres Lebens bestimmte Glaubenssätze verinnerlicht, sind sich dessen aber gar nicht bewusst und können sich deshalb auch nicht mit ihnen auseinandersetzen. Diese Glaubenssätze können oft nützlich sein, sie sind es jedoch nicht immer. Die Hauptantreiber stecken in den folgenden Aussagen:

- „Sei immer perfekt."
- „Mach immer schnell."
- „Streng dich immer an."
- „Mach es immer allen recht."
- „Sei in jeder Lage stark."

Damit verbunden ist die Annahme, man sei nur in Ordnung, wenn man diese Bedingungen erfüllt – ein Riesenirrtum. Denn erstens kann so niemand für sich selbst in Ordnung sein, weil es nicht möglich ist, diese absoluten Ansprüche völlig zu erfüllen. Und zweitens stehen die Glaubenssätze im Weg, wenn man das für die jeweilige Situation und den jeweiligen Grad der persönlichen Entwicklung Richtige tun will. Abgesehen davon verhindert ein zu starres Befolgen dieser Antreiber gute zwischenmenschliche Kontakte, denn wer will schon mit jemandem zu tun haben, der beispielsweise immer perfekt ist? Oder es zumindest immer sein will? Das kann für die Umwelt sehr anstrengend sein. Innere Konflikte zu lösen heißt also vor allem, sich über die eigenen Antreiber klarzuwerden und sich mit ihnen zu versöhnen – auch wenn das manchmal ein langer Weg ist.

Um sich der unterschiedlichen Anteile, die in einem selbst vorhanden sind, bewusst zu werden, ist das Bild vom „Inneren Team“ hilfreich, das der Psychologie-Professor Friedemann Schulz von Thun im dritten Band seines Werkes „Miteinander reden“ (Reinbek 1998) für die verschiedenen Anteile der Persönlichkeit entwickelt hat. Dabei wird die Persönlichkeit wie in einer Art Rollenspiel von verschiedenen Personen dargestellt. Die einzelnen Teamplayer, schreibt Schulz von Thun, wollen oft Unterschiedliches: „Aus all den bisherigen Betrachtungen ist deutlich geworden, dass innere Uneinigkeit und Teamkonflikte keinen dramatischen Sonderfall darstellen, sondern den seelischen Alltag ausmachen.“ Die innere Führungskraft habe diverse Führungsaufgaben, zu denen auch Konfliktmanagement gehöre. Sie müsse „verfeindeten Mitgliedern aus ihrer Polarisierung heraushelfen“.

!

Tipp

Malen Sie Ihr Inneres Team

Welche Antreiber, Anteile beziehungsweise Persönlichkeiten stehen auf Ihrer inneren Bühne und bilden das Innere Team? Wie viele Mitspieler gibt es? Welche Rollen nehmen sie ein? Wie sehen sie aus? Was könnten die einzelnen Mitspieler tun, um besser miteinander klarzukommen? Malen Sie ein Bild Ihres Inneren Teams und verschaffen Sie sich so Klarheit.

Gibt es unterschiedliche Wege, Konflikte zu lösen?

Auf diese Frage gibt es eine klare Antwort: nein. Die Themen sind zwar unterschiedlich, aber der Weg, Konflikte zu lösen, ist immer gleich. Es geht in jedem Fall darum, sich in einem ersten Schritt klarzumachen, welche Art von Konflikt vorliegt. Der zweite Schritt besteht darin, ein Konfliktgespräch gut vorzubereiten, und der dritte darin, es dann auch zu führen. Dabei sind gewisse Regeln zu beachten, damit die Chance auf eine konstruktive Lösung möglichst groß ist. Wie Sie dabei vorgehen, erfahren Sie noch im Detail.

Wie werden Konflikte am besten angesprochen?

„Menschenführung beginnt bei mir selbst (wenn sie auch dort nicht endet!)“, hat Friedemann Schulz von Thun im dritten Teil seines Buches „Miteinander reden“ als einen seiner wichtigsten Glaubenssätze formuliert. Übertragen auf das Thema Konfliktmanagement heißt das: Wenn Sie selbst vor einem Problem stehen, haben Sie den Leidensdruck. Ihr Konfliktpartner ahnt womöglich gar nichts von dem, was Sie ärgert oder bedrückt, oder er verdrängt diese Ahnung. Das bedeutet, Sie sind am Zug: Sie müssen es ihm sagen.

Es ist oft sinnvoll, Ärger zu zeigen und das Gefühl auszusprechen. Es verschafft einem Erleichterung, wenn man ganz einfach sagen kann: „Das ärgert mich jetzt wahnsinnig!“ Außerdem müssen Ihre Gesprächspartner so Ihre Gefühle nicht erraten, sondern wissen, woran sie sind. Trotzdem sollten Sie nie mit akuter Wut ein Konfliktgespräch führen, da die Situation sonst eskalieren kann. Wenn Sie wütend sind, schaffen Sie zunächst Distanz. Gehen Sie in Ihr Zimmer zurück oder laufen Sie eine Runde um den Block und beruhigen sich erst einmal.

Machen Sie erst danach mit dem Konfliktpartner einen Termin für das Gespräch aus, bei dem Sie beide nicht unter Zeitdruck stehen. Überlegen Sie sich vorab, wie lange das Gespräch voraussichtlich dauern könnte, und bitten Sie den anderen, sich diese Zeit zu nehmen. Achten Sie darauf, dass Sie den anderen nicht überrumpeln, sondern geben Sie ihm ein Stichwort, was Sie mit ihm besprechen wollen. Wenn Ihr Konfliktgegner sofort mit Ihnen darüber sprechen möchte, gehen Sie darauf nur unter zwei Bedingungen ein. Zum einen, wenn Sie sicher wissen, dass auf beiden Seiten genügend Zeit und Ruhe für das Gespräch vorhanden ist. Zum anderen, wenn Sie es bereits gründlich vorbereitet haben und innerlich dazu bereit sind. In allen anderen Fällen lehnen Sie den Wunsch des anderen ab. Verweisen Sie darauf, dass Sie lieber in Ruhe reden wollen und sich auf das Treffen vorbereiten möchten.

Eine andere Rolle im System einnehmen

Denken Sie auch darüber nach, ob es nicht vielleicht sinnvoller ist, erst auf das grundsätzliche Verhältnis zu Ihrem Konfliktpartner einzuwirken. Erproben Sie dazu neue Verhaltensweisen, um zu sehen, ob sich zwischen ihnen etwas ändert. Vielleicht schaffen Sie es, sich in die Rolle des anderen hineinzuversetzen, und finden einen Anhaltspunkt, was ihn stören könnte. Wenn Sie sich in diesem Punkt anders verhalten, wird Ihr Konfliktgegner sich Ihnen gegenüber auch anders verhalten, denn Sie sind Partner in einem System, in dem Ihre Handlungen aufeinander bezogen sind. Eventuell schaffen Sie es auf diese Weise, etwas Spannung abzubauen, sodass nach einer Weile ein Konfliktgespräch über weiter vorhandene kritische Details leichter zu führen ist.

Im Gespräch

Erst seit zwei Monaten war ***David Grau**** als freier Journalist selbständig, als er einen interessanten Auftrag bekam: Für ein Regionalmagazin sollte er regelmäßig als Autor arbeiten. Er schrieb seinen ersten Artikel – alles bestens. Weitere folgten. Und damit auch der Ärger, denn der Auftraggeber zahlte nicht wie vereinbart.

Wie ging der Ärger los?

Ich hatte die erste Rechnung gestellt, aber das Geld kam nicht. Ich erinnerte den Auftraggeber per E-Mail und per Fax, und dann endlich, Wochen später, ging das Honorar auf meinem Konto ein. Dann erhielt ich den Auftrag für vier weitere Artikel. Doch als ich später die Rechnungen dafür stellte, insgesamt waren das 1.000 Euro, erhielt ich wieder kein Geld. Also erinnerte ich erneut per E-Mail und Telefon und schickte noch mal die Rechnung plus Erinnerung. Anstatt zu bezahlen, bot

* Name geändert

mir der Auftraggeber jede Menge Entschuldigungen an: Es hapere am Vertrieb, er habe eben zu wenig Anzeigen im Heft, und er sei enttäuscht von den Autoren, die nicht das brächten, was er erwartet hätte. Er versuchte mit weinerlicher Stimme, mir ein schlechtes Gewissen zu machen, schließlich ginge es doch um „unser Projekt". Kurz: Er suchte die Schuld nur bei den anderen.

Was haben Sie dann unternommen, um an Ihr Geld zu kommen?
Ich habe meinen Berufsverband, den Deutschen Journalisten-Verband, eingeschaltet und habe dann juristisch wasserdicht gemahnt und die Vollstreckung angedroht. Daraufhin wurden die Geschäftskonten des Auftraggebers vom Gerichtsvollzieher gepfändet. Ich hatte inzwischen von mir aus meine Forderung um die Hälfte reduziert, und das danach noch ausstehende Honorar von 500 Euro habe ich dann erhalten. Der ganze Vorgang hat sich allerdings über ein Jahr hingezogen und viele Nerven gekostet.

Waren die 500 Euro das wert?
Das kann ich so gar nicht sagen, irgendwann ging es mir nur noch ums Prinzip. Es hatte sich herausgestellt, dass der Auftraggeber auch meinen Kollegen noch Geld schuldete. Und ich fand, er sollte nicht so einfach mit seinen Ausflüchten davonkommen.

Was würden Sie heute anders machen?
Ich war zu sehr von dem Konzept der Zeitschrift überzeugt und wollte gern, dass die ganze Zusammenarbeit klappt. Deshalb habe ich mir viel zu lange und zu geduldig die für mich nervenaufreibenden Entschuldigungen des Auftraggebers angehört und ihm zu viel Raum dafür gegeben. Und ich habe aus Hilflosigkeit richtige Rachegedanken entwickelt. Erst nach x Telefonaten war ich so weit, seine Ausflüchte von mir aus ganz deutlich abzulehnen und zu sagen: „Das ist jetzt unwichtig und interessiert mich nicht. Bitte bezahlen Sie meine Rechnung." Heute würde ich gar nicht weiter arbeiten, ohne eine Rechnung zu stellen und abzuwarten, ob sie auch bezahlt wird. Schließlich hatte es ja schon bei der ersten Rechnung Schwierigkeiten gegeben.

Würden Sie sich einem Kunden gegenüber heute anders verhalten, bevor Sie einen Auftrag annehmen?
Wenn es ein kleiner Kunde ist, den ich noch nicht kenne, würde ich dessen Bonität und Finanzsituation überprüfen. Dafür gibt es Instrumente wie die Kreditauskunft, Creditreform und andere. Und ich würde mit Kollegen sprechen, die mit dem Auftraggeber vielleicht schon zu tun hatten.

Wenn Selbständige einen Auftrag annehmen, dann haben sie meistens gute Gründe dafür. Vor allem Freiberufler wie Designer, Journalisten oder PR-Referenten neigen dazu, manchmal sehr idealistisch zu sein, und sind von der Sache überzeugt, für die sie ihr Auftraggeber gewonnen hat. In dem Fall, dass dann nicht alles glattläuft, fällt es ihnen oftmals schwer, den Auftrag wieder loszulassen, der doch „eigentlich so toll" ist. Dabei ist gerade das meist die Voraussetzung, um gegenüber dem Konfliktpartner eine andere Rolle einnehmen und den Konflikt zu einem Abschluss bringen zu können.

Achtung: Aufschieben erhöht die Explosionsgefahr!

Wenn Sie versuchen, einen Konflikt über längere Zeit hinweg zu ignorieren, folgt die Entwicklung oft dem Prinzip „Dampfkochtopf": Alles, was Sie schon länger ärgert, gärt in diesem Topf vor sich hin. Der Druck auf den Deckel wird immer stärker, bis der Verschluss ihn nicht mehr auf dem Topf halten kann, der Deckel fliegt in die Luft und der Inhalt des Topfes spritzt explosionsartig heraus.

Übertragen auf den Konflikt bedeutet das, dass Sie eines Tages doch die Contenance verlieren, weil noch eine Kleinigkeit dazukommt und Sie den anderen dann mal so richtig die Meinung sagen. Das kann durchaus reinigend sein, ist aber auch gefährlich. In vielen Fällen sind die anderen völlig überrumpelt und wie vor den Kopf geschlagen. Dass sich Ihre Verärgerung schon über lange Zeit angestaut hat, haben sie nicht mitbekommen, denn Sie haben ja bisher nichts gesagt. Jetzt werden Ihre Konfliktpartner mit allen möglichen Anwürfen auf einmal überschüttet und wehren sich natürlich meist dagegen – Eskalation ist häufig die Folge, und eine Lösung des Konflikts rückt auf jeden Fall zunächst in weite Ferne. Sie gewinnen meist nichts, wenn Sie das Gespräch über den Konflikt vor sich herschieben.

So manches Mal kann es auch passieren, dass Sie einen Konflikt ansprechen und die ganze Angelegenheit entpuppt sich später als Missverständnis oder als etwas, das gar nichts mit Ihnen zu tun hat. Umso besser, dann ist die Sache ganz leicht zu klären und Sie können beruhigt wieder zur Tagesordnung übergehen. Wenn es keinen Konflikt gibt, wird kein Problem dadurch entstehen, dass Sie nachfragen, ob tatsächlich alles in Ordnung ist.

Was gewinnen Sie, wenn Sie Konflikten nicht ausweichen?

„Hurra, ein Konflikt!“ werden Sie wahrscheinlich auch in Zukunft nicht schreien. Aber wenn Sie es schaffen, Ihre Haltung so zu verändern, dass Sie sich Konflikten stellen, werden Sie merken, dass offen und konstruktiv ausgetragene Auseinandersetzungen viele Vorteile mit sich bringen und viel zu Ihrem beruflichen Erfolg beitragen.

Erfolgreich durch Konflikte: Wie Sie persönlich profitieren

Persönlichen Nutzen können Sie dabei auf ganz unterschiedlichen Feldern ernten.

Problembewusstsein

Konflikte machen Menschen „problembewusst“, davon ist der Sozialwissenschaftler Karl Berkel überzeugt. Durch sie erfährt man, wo die Knackpunkte liegen und was man selbst tun kann, um sie zu entschärfen. Zudem erzeugen Konflikte überhaupt erst die Notwendigkeit, sich mit Problemen aktiv zu beschäftigen: „Ohne diesen Druck fehlt häufig die Kraft und Entschiedenheit, brisante Themen anzupacken“, schreibt Berkel in seinem Buch „Konflikttraining: Konflikte verstehen, analysieren, bewältigen“ (Frankfurt 2008). Missstimmungen und Auseinandersetzungen funktionieren also als Motor und tragen dazu bei, dass wir Dinge voranbringen.

Profilschärfe

Wenn Sie sich Konflikten stellen, bekommen Sie nicht nur ein besseres Empfinden und mehr Verständnis für den Standpunkt des anderen, sondern auch für Ihren eigenen und Ihre Gefühle. So gewinnen Sie an Profil und können sich besser positionieren. Durch das Verhandeln bei Konflikten lernen Sie, eigene Vorstellungen, Wünsche und Bedürfnisse zu artikulieren, ohne dass Ihr Gegenüber sich angegriffen fühlt. So erfahren die anderen in der Auseinandersetzung mit Ihnen mehr über Sie, über Ihre Haltung, Ihren Standpunkt, Ihre Gefühle. Sie lernen Sie besser einzuschätzen – auch dadurch wird Ihr Profil klarer.

Wenn Sie eine Lösung finden wollen, öffnen Sie sich für die Sichtweisen anderer. Damit zeigen Sie Stärke und erkennen an, dass auch andere auf ihre Weise recht haben. Diese Haltung lädt wiederum die Gegenseite dazu ein, ihrerseits Ihre Position zu würdigen – und Sie zu respektieren. Ein Punkt, der vor allem für Frauen große Bedeutung hat, weil sie im Job nicht immer als gleichwertige Partnerinnen wahrgenommen werden.

Persönlichkeitsentwicklung

Der Begriff „lebenslanges Lernen" erhält im Zusammenhang mit Konflikten eine neue Bedeutung. Denn durch die Beschäftigung mit Konflikten lernen Sie immer mehr, nicht alles persönlich zu nehmen und auf andere einzugehen – ohne sich aufzugeben. Sie kommen dadurch mit anderen, aber auch mit sich selbst besser zurecht. Dadurch wiederum wird Ihr Selbstwertgefühl gestärkt. Ihre Ausstrahlung, Mimik, Gestik und Körperhaltung verändern sich. Konfliktmanagement gehört zu den wichtigsten Social Skills. Konflikte fördern die Persönlichkeitsentwicklung.

Aktivitätsschub

Sie entwickeln das Gefühl, aktiv zu werden und zu handeln beziehungsweise verhandeln zu können. Damit überwinden Sie Passivität und Hilflosigkeit. Sie lernen, Handlungsspielräume zu erkennen und sich selbst nicht als Opfer zu sehen, sondern als jemanden, der aktiv handelt. Wenn Sie sich einem Konflikt stellen, machen Sie deutlich, dass Sie bereit sind, Verantwortung zu übernehmen. Damit qualifizieren Sie sich als Geschäftspartner auf Augenhöhe.

Qualitätsoffensive

Wer Konflikte austrägt, verbessert auch die Qualität seiner Entscheidungen. Denn dabei sind Sie gezwungen, die Grundlagen von Entschlüssen sorgfältig zu überdenken, Ihre Perspektive zu erweitern, verschiedene Alternativen durchzuspielen, und brauchen sich erst im Anschluss daran für eine Lösung zu entscheiden.

Kreativitätsschub

Konflikte fördern die Kreativität. Sie müssen eingefahrene Bahnen verlassen und erfahren, dass ein Problem oder eine Situation ganz verschieden gesehen und bewertet werden kann. Eine andere Perspektive einzunehmen erhöht die Chance, eine neue, kreative Lösung zu finden.

Welche Vorteile ergeben sich fürs Team?

Fair ausgetragene Konflikte nützen nicht nur Ihnen allein. Sie sind auch eine Bereicherung für jedes Team.

Reinigungseffekt

Kaum etwas hemmt den Arbeitseifer und die Motivation mehr als eine angespannte Stimmung. Der Vorteil von Konflikten: Sie reinigen die Luft. Anschließend können die Beteiligten und alle Kollegen wieder an die Arbeit gehen und sich auf die Sache konzentrieren.

Verständnisplus

Die Betroffenen sehen die Situation nicht mehr nur aus ihrem eigenen Blickwinkel, sondern erweitern ihre Perspektive. Dadurch verstehen sie ein Problem umfassender und tiefer.

Beziehungskitt

Der konstruktive Umgang mit heiklen Themen festigt Beziehungen. Der Konfliktforscher Karl Berkel schreibt: „Die Parteien lernen sich besser verstehen, wissen, was ihnen wechselseitig wichtig ist, kennen ihre verletzliche Seite, finden heraus, wie sie auch unter Druck konstruktiv zusammenarbeiten können.“ Konflikte gemeinsam angehen und lösen zu können stärkt das Wir-Gefühl des Teams.

Bis Sie diese Vorteile von Konflikten schätzen können, wird sicher eine gewisse Zeit vergehen. Ein echter Wandel in der Einstellung kommt nicht über Nacht, sondern kann nur auf positiven Erfahrungen beruhen. Aber schon bald werden Sie merken, wie Konflikte viel von ihrem bedrohlichen Potenzial verlieren.

3. Wie Sie Konflikte erkennen

Bei offenen Konflikten ist es klar ersichtlich, dass man sich nicht einig ist. Doch manchmal brodelt es unter der Oberfläche, der Konflikt läuft verdeckt ab. Dann merken wir oft erst, dass wir in einem Konflikt stecken, wenn es schon fast zu spät ist. Sensibilisieren Sie sich dafür, schon erste Anzeichen für Konflikte richtig zu deuten. Und lernen Sie, wie Sie kritische Situationen frühzeitig erkennen und so rechtzeitig gegensteuern können.

Konflikte sind dynamische Prozesse. Meist entstehen sie langsam, entwickeln sich weiter und nehmen ganz unterschiedliche Formen an. Sie zu erkennen ist der erste wichtige Schritt auf dem Weg, das gesamte Potenzial von Konflikten zu nutzen. Die folgenden drei Grundformen von Auseinandersetzungen lassen sich unterscheiden.

- Offene Konflikte: Ein offener Konflikt ist für alle Beteiligten erkennbar. Er kann sich als ruhige, sachliche Auseinandersetzung der Konfliktgegner äußern. Er kann aber auch laut und böse ausgetragen werden und als gegenseitige Beschimpfungen oder sehr emotional sichtbar werden. Typisch ist: Die Betroffenen wissen, dass sie einen Konflikt miteinander haben. Meist ist das auch dem Umfeld klar – selbst wenn vielleicht (noch) nicht alle deutlich erkennen, welche unterschiedlichen Interessen und Positionen sich gegenüberstehen.
- Verdeckte Konflikte: Daneben gibt es verdeckte Konflikte, bei denen den Beteiligten gar nicht klar ist, dass sie bestehen. Oft ist nur eine diffuse Spannung zwischen den verschiedenen Parteien wahrzunehmen. Die Betreffenden spüren dunkel, dass sie irgendwie unzufrieden, missgestimmt, genervt oder erschöpft sind. Das kann sich beispielsweise so äußern, dass Ihre Unlust aufs Büro von Tag zu Tag wächst, obwohl Ihnen Ihre selbständige Tätigkeit eigentlich Spaß macht. Dies kann an einem verdeckten Konflikt mit Kunden, Mitarbeitern oder Kollegen im Gründerteam liegen. Möglicherweise stecken Sie auch selbst in einem inneren Konflikt, den Sie sich bisher noch nicht bewusstgemacht haben.
- Verschobene Konflikte: Sie treten nicht dort auf, wo sie entstehen, sondern werden in einen anderen Bereich verschoben. Der Konflikt kommt an ganz anderer Stelle zum Ausbruch und ist daher für die nun Beteiligten nicht nachvollziehbar. Das kennen Sie vielleicht aus dem Privatleben. Sie hatten zum Beispiel einen erfolgreichen Tag im Büro, kommen nach Hause und bei der ersten Gelegenheit, mault Sie Ihr Lebenspartner äußerst unhöflich an, nur weil Sie vergessen haben, die Waschmaschine anzuschalten. Sie können gar nicht verstehen, warum er sich so aufregt – bis Sie später erfahren, dass er mit einem Kollegen Ärger hatte.

Im Beruf läuft es nach demselben Muster ab. Beispiel: Ein selbständiger Werbetexter telefoniert mit einem Kunden und wird von diesem scharf kritisiert, weil er einen Text mit inhaltlichen Mängeln abgegeben hat. Kaum legt er den Hörer auf, meckert er seine Sekretärin an, weil für seinen Kaffee kein Zucker mehr da ist. Diese Kritik fällt unverhältnismäßig scharf aus, weil die Sekretärin mustergültig organisiert ist und zum ersten Mal vergessen hatte, rechtzeitig wieder Zucker einzukaufen.

Ob Sie es häufiger mit offenen, verdeckten oder verschobenen Konflikten zu tun haben, hängt nicht nur von Ihren Konfliktpartnern ab. Es hat auch damit zu tun, welcher Konflikttyp Sie selbst sind. Mehr darüber erfahren Sie im vierten Kapitel.

Achten Sie auf die typischen Signale

Wenn Sie sich nicht sicher sind, ob Sie zu einem bestimmten Zeitpunkt in einem Konflikt stecken, lässt sich das oft an der eigenen Stimmung und inneren Haltung erkennen. Die folgenden Symptome beispielsweise sprechen für einen Konflikt:

- Sie fühlen sich ständig durch irgendwelche Bemerkungen von Kunden, Mitarbeitern oder Mitgründern gekränkt.
- Sie haben das Gefühl, dass Ihr Gegenüber Sie nicht versteht.
- Sie ärgern sich ständig über andere.
- Sie werden leicht wütend, wenn etwas nicht auf Anhieb klappt.
- Sie halten Ihr Gegenüber für unmoralisch.
- Sie können nicht abschalten und denken auch in Ihrer Freizeit an die angespannte Situation in der Firma.

Fällt Ihnen auf, dass Sie so denken oder fühlen, nehmen Sie dies als Alarmzeichen dafür, dass Sie etwas unternehmen sollten. Auf Dauer können ungelöste Konflikte Ihre selbständige Tätigkeit sehr stark beeinflussen. Sie belasten Ihre Arbeitsmoral schwer und vergiften das Betriebsklima, wenn Sie Mitarbeiter haben oder in einem Gründerteam zusammenarbeiten. Eine sinnvolle und effektive Zusammenarbeit mit den anderen ist bei tiefsitzenden, langanhaltenden Konflikten kaum noch möglich. Außerdem können körperliche Beschwerden auftreten, wenn Sie Konflikte auf Dauer verdrängen.

Ergründen Sie Ihre Gefühle und Beziehungen

Wenn Sie nur diffus spüren, dass Sie schlechte Laune haben, hilft es Ihnen vielleicht aufzuschreiben, was Sie tagtäglich belastet. Dann können Sie sofort eingreifen, bevor sich weiterer Ärger aufstaut. Der Managementberater und systemische Psychotherapeut Paul Gamber, Autor von „Konflikte und Aggressionen im Betrieb" (München 1992), empfiehlt ein „Ärgerprotokoll" zu führen. Dabei können Sie folgende Fragen beantworten:

- Was hat mich heute geärgert, verletzt oder verunsichert?
- Was waren die dahinterliegenden Gründe für meinen Ärger?
- Wie habe ich reagiert (zum Beispiel: überhaupt nicht, Rückzug, Selbstvorwürfe, Anschuldigungen ...)?
- Wie will ich das nächste Mal reagieren? Stellen Sie sich die gewünschte Reaktion bildhaft vor und schreiben Sie Ihre Vorstellung auf.
- Üben Sie dann in der entsprechenden Situation eine der gewünschten Reaktionen, die Sie sich vorher bildhaft vorgestellt haben, bewusst ein, zum Beispiel Neinsagen oder Ich-Botschaften anwenden.

Wenn Sie so vorgehen, haben Sie die Chance, viele Dinge sofort zu klären und Ärger erst gar nicht zu einem Berg anwachsen zu lassen. Wenn Sie allerdings nur merken, was Sie stört und belastet, es aber nicht schaffen, sich anders zu verhalten, ist es sinnvoll, sich in einer Einzelberatung Unterstützung zu suchen. Dann können Sie gemeinsam mit dem Coach Strategien entwickeln, wie Sie alternatives Verhalten umsetzen.

Sind Sie unsicher, ob Sie nicht doch bereits in einem Konflikt stecken, hilft das folgende Vorgehen: Besinnen Sie sich auf sich selbst und versuchen Sie zu spüren, wie Sie sich fühlen und wo Sie stehen. Dazu gibt der Münchner Trainer und Berater Reinhard Breuel, der in seinen Seminaren viele Menschen in beruflichen Konflikten erlebt hat, folgende Empfehlung: Ziehen Sie eine Art Zwischenbilanz und zeichnen oder malen Sie ein Bild. Es soll darstellen, wie Sie Ihre Position gefühlsmäßig wahrnehmen – gegenüber Ihren Kunden, Ihren Gründerkollegen, Ihren Mitarbeitern, je nachdem, wie Ihre individuelle Konstellation als Selbständige/r oder Unternehmer/in aussieht. Es geht dabei nicht darum, ein künstlerisch anspruchsvolles Gemälde zu schaffen, das Motiv des Bildes oder der Zeichnung soll nur irgendwie zu erkennen sein. Am leichtesten ist es wahrscheinlich, wenn Sie eine Skizze mit Strichmännchen (oder Strichfrauchen) zeichnen, Sie können aber genauso gut eine andere Art der Darstellung wählen.

Auf einem Bild wird manchmal vieles deutlicher, was Sie vorher gar nicht im Blick hatten oder was Ihnen nicht bewusst war. Vielleicht stellen Sie so fest, dass bei Ihnen alles im grünen Bereich ist. Vielleicht erkennen Sie aber plötzlich auch den Sprengstoff, der in einzelnen oder mehreren Beziehungen steckt. Ihr Bild sollte folgende Fragen beantworten:

- Wo stehen Sie im Verhältnis zu den anderen?
  - Zu Ihren Kundinnen und Kunden?
  - Zu Ihren Mitarbeiterinnen und Mitarbeitern?
  - Zu Gründerkolleginnen und -kollegen?
  - Welche Strichmännchen stehen im Mittelpunkt, welche am Rand des Bildes?
  - Wo haben Sie sich selbst positioniert?
  - Sind einzelne Strichmännchen größer als andere?
  - Welche wichtigen Mitspieler gibt es sonst noch, und wo stehen sie?

- Was ist das Konfliktthema?
  - Was können Sie als Symbol dafür zeichnen?

- Welche Beziehungen haben Sie zu wem?
  - Welche Beziehungen sind gut, welche schlecht?
  - Wer sind Ihre Verbündeten, wer Ihre Gegner?

  Stellen Sie die Art der Beziehung zwischen den Strichmännchen zum Beispiel mit Pfeilen dar: Gerade Pfeile bedeuten positive Beziehungen, gezackte Pfeile negative.

- Wie fühlen Sie sich? Wie sieht die Basis aus, auf der Sie stehen?
  - Sicher oder unsicher?
  - Groß oder klein?
  - Hat das Strichmännchen, das Sie darstellt, auf dem Bild festen Grund unter den Füßen oder schwebt es in der Luft? Wie haben Sie die Basis der anderen Personen gezeichnet?

Schauen Sie sich Ihr Bild in aller Ruhe an und lassen Sie es auf sich wirken. Was fällt Ihnen auf, was Ihnen bisher nicht so deutlich war? Haben Sie beispielsweise Ihren Gründerkollegen doppelt so groß gezeichnet wie sich selbst? Könnte das bedeuten, dass Sie sich ihm unterlegen fühlen und deshalb ihm gegenüber nicht gerade souverän auftreten? Sie selbst sind der Fachmann oder die Fachfrau für Ihr Bild, Sie können es am besten interpretieren und damit Ansätze für eine mögliche Lösung eines Konflikts finden. Wenn Ihnen Ihr Bild selbst rätselhaft bleibt, könnte es die Basis für ein Coaching-Gespräch bilden. Finden Sie dann mithilfe der Fragen des Coachs heraus, welches die bedeutsamen Punkte des Bildes sind und wie Sie weiter vorgehen wollen.

Fragenkatalog: Stecken Sie in einem Konflikt?

Die folgenden 35 Fragen können Ihnen ebenfalls helfen, sich über Ihre Situation klarzuwerden. Finden Sie heraus, ob Sie auf den unterschiedlichen Ebenen Anzeichen für einen Konflikt finden. Die Fragen richten sich an Selbständige, die als Einzelunternehmer arbeiten, sowie an Unternehmer, die Mitarbeiter und eventuell auch Mitgründer haben. Bitte beantworten Sie die Fragen, die auf Sie zutreffen:

Checkliste

	Ja	Nein
Ihr Verhältnis zu Ihren Mitgründern		
Beurteilen Ihre Mitgründer Ihre Arbeitsleistung Ihrer Meinung nach ungerecht?	☐	☐
Kritisieren Ihre Mitgründer Sie häufig?	☐	☐
Versuchen Ihre Mitgründer, Besprechungen mit Ihnen kurzzuhalten, und hören sie Ihnen nicht mehr richtig zu?	☐	☐
Ist der Kontakt zu Ihren Mitgründern plötzlich insgesamt nicht mehr so locker?	☐	☐
Ergibt sich plötzlich keine Gelegenheit mehr zum früher selbstverständlichen Smalltalk?	☐	☐

Haben sich Gewohnheiten im Umgang miteinander ohne ersichtlichen Grund geändert?	☐	☐
Wollen Ihre Mitgründer Ihr Aufgabengebiet neu festlegen?	☐	☐
Ihr Verhältnis zu Ihren Mitarbeitern		
Ist der Krankenstand höher als sonst oder als in vergleichbaren Unternehmen?	☐	☐
Ist die Fluktuation der Mitarbeiter höher als sonst oder als in vergleichbaren Unternehmen?	☐	☐
Verschleppen Mitarbeiter immer wieder Termine?	☐	☐
Kommen Mitarbeiter nicht pünktlich zu Besprechungen?	☐	☐
Haben Sie keinen guten Kontakt zu Ihren Mitarbeiterinnen und Mitarbeitern?	☐	☐
Ihr Verhältnis zu sich selbst		
Leistung		
Sind Ihre Leistungen schlechter geworden?	☐	☐
Können Sie sich schwerer konzentrieren, und sind Sie vergesslicher als sonst?	☐	☐
Machen Sie häufiger Fehler?	☐	☐
Motivation/Stimmung		
Sind Sie mit Ihrer beruflichen Situation unzufrieden?	☐	☐
Sind Sie demotiviert?	☐	☐
Sind Sie innerlich stark angespannt?	☐	☐
Fühlen Sie sich oft müde und erschöpft?	☐	☐
Fühlen Sie sich unsicher?	☐	☐
Haben Sie den Eindruck, dass das Wochenende nicht mehr ausreicht, um sich zu erholen?	☐	☐
Gehen Sie nicht mehr gern ins Büro?	☐	☐
Haben Sie oft schlechte Laune?	☐	☐
Sind Sie nervös und leicht reizbar?	☐	☐
Sind Sie anderen Menschen gegenüber misstrauisch?	☐	☐

Krankheitssymptome		
Haben Sie ein anfälliges Immunsystem, und sind Sie oft krank?	☐	☐
Leiden Sie unter Schlaflosigkeit oder ständiger Müdigkeit?	☐	☐
Haben Sie oft Rückenschmerzen?	☐	☐
Leiden Sie unter Dauerspannungskopfschmerz?	☐	☐
Leiden Sie unter Magenschmerzen oder Verdauungsstörungen?	☐	☐
Sind bei Ihnen Allergien erstmalig oder gehäuft aufgetreten?	☐	☐
Leiden Sie unter Schwindel, Hyperventilation oder Benommenheit?	☐	☐
Suchtmittel		
Versuchen Sie öfter, sich mit Alkohol zu entspannen?	☐	☐
Rauchen Sie übermäßig?	☐	☐
Neigen Sie zu „Frust-Essen"?	☐	☐

Die Fragen bewegen sich auf verschiedenen Ebenen und sind unterschiedlich bedeutungsvoll. Selbst wenn Sie mehrere Fragen mit „Ja" beantwortet haben, liegen im Moment vielleicht trotzdem gar keine Konflikte vor, die Sie bewältigen müssen. Dennoch gilt: Je mehr Fragen Sie mit „Ja" beantwortet haben, desto größer ist die Wahrscheinlichkeit, dass Sie bereits in einem Konflikt stecken. Sie sollten so bald wie möglich Gespräche mit den anderen Beteiligten führen, um Ihre Situation zu klären. Übereilen Sie aber nichts. Bei ersten atmosphärischen Warnzeichen gilt: erst in Ruhe beobachten und abwarten. Vielleicht hat das Ganze gar nichts mit Ihnen zu tun und der Grund für die schlechte Kommunikation mit Ihrem Mitgründer liegt beispielsweise darin, dass er sich mit seiner Frau gestritten oder völlig andere Probleme hat, die überhaupt nicht im Zusammenhang mit Ihrer gemeinsamen Arbeit stehen. Wenn sich jedoch die Zeichen für einen Konflikt zwischen Ihnen und anderen Personen häufen und in dieselbe negative Richtung deuten, ist es wichtig, nicht länger zu warten, sondern nach möglichen Problemen zu fragen. Nehmen Sie sich die Zeit, das Konfliktgespräch gründlich vorzubereiten. Wie Sie dabei vorgehen, erfahren Sie im fünften Kapitel.

4. Welcher Konflikttyp sind Sie?

Wie Sie sich in einem Konflikt verhalten, hängt ganz entscheidend davon ab, welcher Konflikttyp Sie sind. Suchen Sie die Auseinandersetzung, oder gehen Sie ihr lieber aus dem Weg? Wenn Sie wissen, zu welcher Haltung Sie neigen, fällt es Ihnen leichter, eine gute Strategie zu entwickeln, um Konflikte anzugehen. Was das genau bedeutet, lesen Sie in diesem Kapitel.

Wer Konflikte lösen will, sollte sich zunächst darüber klarwerden, wie er auf mögliche Konflikte reagiert. Wie ist es bei Ihnen? Geraten Sie in Panik, wenn nur das Fünkchen einer Auseinandersetzung am Horizont aufleuchtet? Oder freuen Sie sich sogar darüber, es den anderen mal so richtig zeigen zu können? Das hängt damit zusammen, welcher Konflikttyp Sie sind. Um das herauszufinden, überprüfen Sie Ihr Selbstbild. Fragen Sie sich auch, was Sie von Ihrem Verhalten haben. Was bringt es Ihnen? Jede Art, mit Konflikten umzugehen, ist mit gewissen Vorteilen verbunden – genauso wie jeder Konflikttyp auch bestimmte Nachteile hinnehmen muss.

Fragen Sie sich ehrlich, welche Haltung Sie Konflikten gegenüber haben. Was spüren Sie, wenn Sie ahnen, dass ein Konflikt auftauchen könnte. Finden Sie sie

- sehr unangenehm?
- unangenehm?
- angenehm?
- sehr angenehm?

Welche Einschätzung trifft aus Sie zu? Sie können sich nicht entscheiden, weil es keine neutrale Kategorie gibt? Das ist Absicht, denn hier geht es darum zu sehen, in welche Richtung Sie tendieren. Wenn Sie „sehr unangenehm“ oder „unangenehm“ wählen, ist die Chance groß, dass Sie versuchen, Konflikten aus dem Weg zu gehen und sie zu vermeiden. Haben Sie sich dagegen für „angenehm“ oder „sehr angenehm“ entschieden, dann haben Sie wahrscheinlich schon viele positive Erfahrungen bei der Lösung von Konflikten gesammelt und fühlen sich fit, sich Auseinandersetzungen auch in Zukunft zu stellen. Doch es lohnt sich für jeden, genauer hinzuschauen, welche Verhaltensweisen er in einem Konflikt zeigt.

Die meisten Menschen gehören zu einem der vier Grundtypen:

- Der/die Flüchtende (Antilopen-Typ)
- Heimliche/r Kämpfer/in (Marder-Typ)
- Aggressive/r Kämpfer/in (Bären-Typ)
- Fair Handelnde/r (Delphin-Typ)

Eine Einordnung ist nicht immer möglich, denn natürlich gibt es auch Mischtypen. Nicht jeder Mensch verhält sich in unterschiedlichen Situationen immer gleich.

Test
Welches Tier entspricht Ihnen?

Wenn Sie sich die folgenden vier Tiere vorstellen, fragen Sie sich, welches davon Ihnen am meisten entspricht. Dabei geht es nicht darum, welches Tier Sie am liebsten wären, sondern welches symbolisch am ehesten Ihr Verhalten in Konfliktsituationen ausdrückt: Antilope, Marder, Bär oder Delphin?
Suchen Sie sich eines aus. Oder fällt Ihnen ein ganz anderes Tier ein, das Ihr Konfliktverhalten symbolisiert? Malen oder zeichnen Sie es. Schreiben Sie anschließend auf, welche Vorteile und welche Nachteile das Verhalten dieses Tieres mit sich bringt.

Das Verhalten in Konflikten hängt davon ab, wie sicher oder unsicher sich die betreffende Person aktuell fühlt. Manchmal ist der Gedanke an einen möglichen Konflikt so erschreckend, weil man meint, ihn einfach nicht lösen zu können, und lieber schnell flüchtet. Oder man fühlt sich bereits etwas „konfliktfit“ und schafft es vielleicht schon, einen kleinen begrenzten Konflikt als Spielwiese zu nutzen. Vielleicht möchte man sich auch darin ausprobieren, einen Konflikt anzugehen, fair zu verhandeln und möglichst für beide Seiten konstruktiv zu lösen. Finden Sie heraus, welcher Konflikttyp Sie sind, denn dann wissen Sie auch, wie Sie auf zu Ihnen passende Art Konflikte besser lösen können.

Gut zu wissen

Welche Interessen zählen mehr?

Beziehen Sie bei Ihren Überlegungen auch mit ein, wie sehr Sie sich an den Interessen anderer oder an Ihren eigenen orientieren. Die folgende Abbildung macht deutlich, dass der Kompromiss in der Mitte zwischen beiden Haltungen angesiedelt ist. Doch ebenso kann es eine Lösung geben, die den Interessen beider auf problemlösende und kooperative Art entgegenkommt. Im Unterschied zum Kompromiss, bei dem beide Seiten zurückstecken, um sich zu einigen, kann so eine Win-Win-Situation entstehen, bei der beide Konfliktparteien einen Vorteil haben.

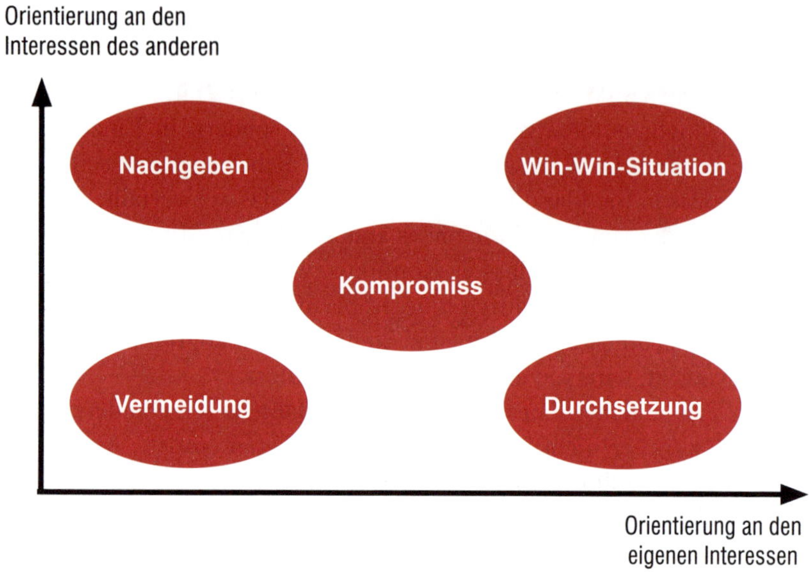

Konfliktverhalten

„Flüchter/in": die Vorteile der Harmonie und die Gefahr der Opferhaltung

Manche Menschen fühlen sich sehr schnell hilflos und abhängig. Sie sehen sich eher als Unterlegene und ziehen daher die Möglichkeit, Konflikte lösen zu können, kaum in Betracht. Die Haltung „Harmonie um jeden Preis" kennen zwar auch Männer, aber vor allem unter Frauen ist sie weitverbreitet. Traditionelle Erziehung bedeutete, dass Mädchen nicht aggressiv sein durften, sondern „lieb" sein sollten. Ihre kindliche Angst, bei einem Streit als „böses Kind" verstoßen zu werden, kann im beruflichen Umfeld unbewusst wiederaufleben. Der Wunsch nach Harmonie führt dann zum Fluchtimpuls.

Die Opferhaltung aufzugeben bedeutet, die volle Verantwortung für sich selbst zu übernehmen. Dazu gehört es zu lernen, für die eigene Position einzustehen, angemessen nein zu sagen und sich abgrenzen zu können. Dieses Verhalten lässt sich allerdings nicht von heute auf morgen und auch nicht mittels Patentrezept erlernen. Es hilft nur, die eigene Haltung zu überdenken und Schritt für Schritt neue Verhaltensweisen einzuüben.

Sie ärgern sich zum Beispiel darüber, dass Sie an Brückentagen allein im Büro sitzen, weil Ihre Mitarbeiter Urlaub machen? Wenn Sie in Stress geraten, weil Ihnen an diesen Tagen die Unterstützung fehlt, bedeutet das, Urlaub nicht mehr automatisch zu genehmigen, sondern in Einzelfällen auch zu verweigern. Dass die Mitarbeiter davon nicht begeistert sein werden, damit müssen Sie klarkommen. Wenn Ihnen das schwerfällt, überlegen Sie, warum das so ist und wie Sie es ändern können. Mit der Zeit werden Sie erstaunt feststellen, dass es Konflikte zwar noch gibt, Sie sie aber besser aushalten können. Dadurch müssen berufliche Beziehungen zu anderen nicht schlechter werden. Im Gegenteil: Wer sich abgrenzt und seine Position klarmacht, wird von anderen eher respektiert.

Für den Typ „Flüchter“ besteht sicher die Gefahr, dass die anderen sich durchsetzen, wenn er nicht für die eigenen Interessen eintritt. Aber dennoch hat es durchaus Vorteile, vor Konflikten zu flüchten:

- Die Betreffenden sparen Kraft, weil sie sich mit den anderen nicht auseinandersetzen.
- Keiner hält sie für egoistisch.
- Andere halten sie nicht für unfreundlich.
- Sie müssen sich nicht anhören, was der andere eventuell am eigenen Verhalten auszusetzen hat.
- Sie müssen sich nicht in einem unangenehmen Tonfall ansprechen lassen.
- Sie laufen nicht Gefahr, aus einer Auseinandersetzung als der schwächere Part hervorzugehen.
- Sie können sich für einen sozialen Menschen halten, weil sie die eigenen Interessen zurückstellen.
- Häufig gelten sie als „Seele des Teams“.

Wie Sie sehen, kann es sehr gute Gründe geben, sich Konflikten nicht zu stellen. Wenn Sie Ihre Haltung trotzdem ändern möchten, hilft es, wenn Sie die für Sie persönlich wichtigsten Gründe kennen. Denn ohne diese hätten Sie schließlich schon längst an Ihrem Verhalten gearbeitet. Überlegen Sie, ob Sie einzelne gute Gründe bewahren können, selbst wenn Sie ein Konfliktgespräch führen. Wie können Sie beispielsweise für einen akzeptablen Umgangston während des Gesprächs sorgen? Gibt es andere Möglichkeiten, die Rolle „Seele des Teams“ auszufüllen, wenn Sie beginnen, sich

Konflikten zu stellen? Wie können Sie anderen und sich selbst auf andere Weise zeigen, dass Sie sozial sind und auf die Belange der anderen achten?

„Heimliche/r Kämpfer/in": die Vorteile der Deckung und die Gefahr der Eskalation

Der heimliche Kämpfer oder die heimliche Kämpferin traut sich nicht, offen zu den eigenen Interessen zu stehen. „Offiziell" ist er oder sie mit allem einverstanden, aber tief drinnen sitzt trotzdem der Groll darüber, dass die eigenen Interessen wieder einmal nicht berücksichtigt sind und man übergangen wurde. Dieser Ärger äußert sich oft in Form von verdeckten Kämpfen. Statt den Konfliktgegnern offen gegenüberzutreten, sind für heimliche Kämpfer Sticheleien, spitze Bemerkungen und Intrigen die Mittel der Wahl. Oft werden diese „Waffen" jedoch unbewusst ausgewählt.

Ein Kollege macht zum Beispiel eine gemeine Bemerkung über einen anderen aus dem Gründerteam hinter dessen Rücken – ohne zu überlegen, ob er das vielleicht deshalb sagt, weil er sich darüber ärgert, dass er am Vortag zum wiederholten Mal „ganz schnell" für seinen Kollegen dringend benötigte Unterlagen hervorsuchen sollte, gerade als er nach Hause gehen wollte. Oder in einer Diskussion fängt eine Kollegin an zu sticheln, obwohl sie das gar nicht vorhatte. Bis zu einem gewissen Grad ist solches Verhalten völlig normal, wer ist schon perfekt? Es sollte Ihnen aber zu denken geben, wenn Ihnen ständig böse Bemerkungen herausrutschen. Das könnte ein Anhaltspunkt dafür sein, dass es um etwas ganz anderes geht, nämlich dass sich dahinter nicht ausgetragene Konflikte verbergen.

Ein großer Vorteil dieser Haltung liegt darin, dass derjenige, der in Deckung geht, schlecht angegriffen werden kann. Der Preis ist allerdings, dass es nach und nach unmerklich zu einer Eskalation kommen kann, bei der schwer zu greifen ist, worum es eigentlich geht. Eine Lösung wird dann immer schwieriger, da die Beteiligten durch die „Spitzen" oft bereits so sehr gekränkt sind, dass sie mit der anderen Partei gar nichts mehr zu tun haben wollen. In einem solchen Fall ist zunächst einmal eine Entschuldigung für die unangemessenen Sticheleien angebracht, bevor die Beteiligten auf angemessene Art und Weise ihre jeweilige Sichtweise der gesamten Sachlage schildern. Wer ein solches Verhalten ändern möchte, sollte sich überlegen, was er an Schutz und Unterstützung braucht, um eine offene

Auseinandersetzung führen zu können. Vielleicht geht es auch darum, erst einmal für sich selbst herauszuarbeiten, dass die eigenen Interessen genauso ihre Berechtigung haben wie die der anderen.

„Aggressive/r Kämpfer/in“: die Vorteile der Vorwärts-Verteidigung und die Gefahr der Gegenaggression

Das Wort „Harmoniebedürfnis“ ist für sie ein Fremdwort, Auseinandersetzungen scheinen geradezu ihr Lebenselixier zu sein. „Kämpfen ist die beste Verteidigung“ – das ist das Motto der aggressiven Kämpfer/innen. Ihre Devise: „Nur her mit dem Konflikt!“ Konfliktpotenzial zieht sie geradezu magisch an. Ständig sind sie dabei, ihre Position zu klären, und holen sofort zum Gegenschlag aus, wenn sie einen Konflikt wittern.

Das hat den Vorteil, dass sie es anderen schwermachen, sich einfach über ihre Position hinwegzusetzen. Und dass Konflikte offen ausgetragen werden. Allerdings neigen die Spontan-Fighter dazu, übers Ziel hinauszuschießen. Auch sie sollten nicht vergessen, dass an Konflikten immer zwei Parteien beteiligt sind. Eine Lösung bringt diese automatische Verteidigungsreaktion nicht. Die betreffenden Personen laufen Gefahr, dass ihre Aggression Gegenaggression beim Konfliktgegner hervorruft, was wiederum Gegenaggression bei ihr auslöst. Es entsteht eine Spirale aus Aggression, die sich schnell in einen Teufelskreis verwandeln kann. An Konfliktlösung denkt dabei keiner mehr. Für Frauen kommt als zusätzliche Gefahr hinzu, dass sie als aggressive Kämpferin im Job gegen eine wichtige Spielregel verstoßen. Für Männer ist es meist ungemein wichtig, das Gesicht nicht zu verlieren. Beachten Frauen diese Regel nicht, wehren sich Männer ziemlich heftig – und die Aggressionsspirale dreht sich noch einmal schneller.

Wer in Zukunft sein Verhalten ändern möchte, könnte in einem ersten Schritt überlegen, warum ihn oder sie das Verhalten des anderen so aggressiv macht. Was hat das mit der eigenen Person zu tun, mit den eigenen Empfindlichkeiten? Wichtig ist es, erst einmal innezuhalten und nicht automatisch wie immer zu reagieren. In einem zweiten Schritt stellt sich die Frage, ob es eine sinnvolle Möglichkeit gibt, die Aggressionen in einem anderen Rahmen abzureagieren, beispielsweise beim Sport, bevor Sie das Gespräch mit dem Konfliktpartner suchen.

„Verhandler/in“: die Vorteile einer angemessenen Lösung und die Gefahr unangenehmer Gefühle

Bereits im Stadium der „Geläuterten“ befinden sich Verhandler/innen. Sie haben akzeptiert, dass im Alltag – also auch im Beruf – ständig unterschiedliche Wünsche und Interessen aufeinanderprallen.

Im Gespräch

Damit niemand ihr den Domänennamen für ihre Homepage streitig machen konnte, hatte *Katja von Stern** den Namen ihres Redaktionsbüros als Marke schützen lassen. Doch als eines Tages eine Irrläufer-E-Mail bei ihr landete, sah sie, dass eine PR-Agentur ihren Büronamen nur ganz leicht abgewandelt als Internetadresse benutzte. Eigentlich ein klassischer Fall für eine Abmahnung. Doch der Anwalt, mit dem sich Katja von Stern beriet, war anderer Ansicht: Warum nicht versuchen, das Problem einvernehmlich zu lösen?

Was haben Sie unternommen?

Ich habe der Agenturbesitzerin geschrieben, dass sie meinen Namen aus meiner Sicht widerrechtlich benutzt, und sie um eine Stellungnahme dazu gebeten. Sie hat vorgeschlagen, dass wir uns persönlich treffen, und ist bei nächster Gelegenheit zu mir ins Büro gekommen. Sie hat mir recht gegeben, dass die Marke tatsächlich auf mich eingetragen ist und ich meine Domäne auch zuerst angemeldet hatte. Wir haben uns dann im persönlichen Gespräch darüber verständigt, dass wir eine einvernehmliche Lösung für beide Seiten finden wollten.

Wie ging es weiter?

Daraufhin habe ich keine Abmahnung veranlasst. Sie hat dann ihren Agenturnamen etwas abgeändert und den Domänennamen und ihre Flyer entsprechend verändert. Und sie hat mich einmal als Referentin zu meinem normalen Honorarsatz eingeladen, zu einer Veranstaltung, die sie selbst organisiert hatte. Das war für uns beide eine gute Lösung. Ich fand es sehr überzeugend, was sie als PR-Dienstleistung anbietet, und sehr professionell, wie sie sich diesem Konflikt gestellt hat. Deshalb habe ich sie und ihre Dienstleistung auch schon empfohlen.

* Name geändert

Diese Menschen wissen, dass ein Leben ohne Meinungsverschiedenheiten nicht möglich ist. Und sie haben erkannt, dass eine harmonische Grundstimmung nur entstehen kann, wenn Konflikte ausgetragen und gemeinsam Lösungen gefunden werden. Diese Haltung wird nur wenigen Menschen in die Wiege gelegt. Vielmehr haben die Verhandler immer wieder die Erfahrung gemacht, dass sie durch die Bewältigung von Konflikten persönlich gewachsen sind. Vor allem haben sie gelernt, Geduld mit sich zu haben, und sich als Verhandelnde in Situationen geübt, bei denen es nicht gleich um existenzielle Schwierigkeiten ging. So haben sie gelernt, Konflikte direkt anzusprechen und möglichst nach einer für alle Beteiligten angemessenen Lösung zu suchen.

Doch auch diese Haltung hat ihren Preis: Verhandler müssen es aushalten, unangenehme Gefühle zu haben. Zum Beispiel das unangenehme Gefühl, dass andere etwas ganz anderes wollen als sie. Oder dass der Konfliktpartner zunächst nicht sehen will, worin die Meinungsverschiedenheit überhaupt besteht. Oder sie müssen aushalten, dass ein Konflikt gar nicht zu lösen ist: entweder weil die anderen Beteiligten nicht dazu bereit sind oder weil es einfach keine sachliche Lösung gibt.

Keiner der hier beschriebenen Konfliktstile ist absolut gesehen richtig oder falsch. Jeder bringt unterschiedliche Vor- und Nachteile mit sich. Abhängig von der Situation ist jeweils ein anderer Stil angemessen, und je besser Sie die Vorgehensweisen variieren können, desto mehr Konflikte werden Sie erfolgreich bewältigen.

5. So bereiten Sie Konfliktgespräche vor

Viele Gründer und Selbständige schrecken zurück, wenn es darum geht, Konfliktgespräche zu führen. Zu Recht, denn oft besitzen sie zu wenig Handwerkszeug. Die Gefahr, dass der Konflikt durch unbedachte Äußerungen oder eine äußerst emotionale Diskussion eskaliert, ist groß. Solche Gespräche wollen gründlich vorbereitet sein, damit sie zu einer guten Lösung für beide Parteien führen. Sie erfahren nun, was dabei zu beachten ist.

„Die Kluft zwischen dem, was man wirklich denkt, und dem, was man sagt, ist eine der Ursachen, die ein Gespräch schwierig machen. Man ist abgelenkt von all dem, was im eigenen Inneren vor sich geht. Man ist unsicher, welche Gedanken man ruhigen Gewissens offenbaren und welche man lieber verschweigen sollte. Und man weiß, dass es das Gespräch wahrscheinlich *nicht* erleichtern wird, wenn man einfach offen ausspricht, was man denkt." So begründen die Harvard-Konfliktforscher Douglas Stone, Bruce Patton und Sheila Heen in ihrem Buch „Offen gesagt! Erfolgreich schwierige Gespräche meistern" (München 2001), warum Konfliktgespräche so unangenehm sind.

Wenn wir Konflikten aber dennoch nicht mehr ausweichen, sondern sie angehen wollen, gilt: Weil wir so wenig Übung darin haben, Konflikte angemessen zu besprechen, sollten wir uns darauf richtig vorbereiten. Spontaneität ist schön und gut und oft auch im beruflichen Bereich angebracht, aber wer versucht, echte Auseinandersetzungen nebenbei, quasi zwischen Tür und Angel, zu führen, wird meist die Sache nur verschlimmern. Wie bei privaten Konflikten gibt dann oft ein Wort das andere. Der Effekt: Die Fronten verhärten sich, und eine Lösung rückt in weite Ferne. Hingegen eröffnet das gründliche Vorbereiten, Üben und Vergegenwärtigen der wichtigsten Gesprächsregeln die Chance, nach und nach die eigenen Konflikte wie ein Kommunikationsprofi lösen zu können. Stecken Sie Ihre Ziele aber nicht zu hoch! Sie müssen nicht gleich das große, existenzielle Gespräch mit dem wichtigsten Kunden führen.

Tipp

Suchen Sie sich eine Spielwiese

Trainieren Sie zunächst in weniger wichtigen Konfliktgesprächen, damit Sie in schwierigen Situationen, bei denen es tatsächlich darauf ankommt, in Übung sind. Lassen Sie sich ruhig auf kleinere, begrenzte Auseinandersetzungen ein. Tasten Sie sich dabei in kleinen Schritten vor und analysieren Sie hinterher, was bereits gut geklappt hat und wo weiterhin Übungsbedarf besteht. Seien Sie ehrlich zu sich selbst und überlegen Sie genau, wo Sie vielleicht doch noch einmal Ihre Haltung überdenken sollten. Wenn Sie dann ein wichtiges Konfliktgespräch führen müssen, wird das wahrscheinlich immer noch unangenehm sein, aber Sie werden dabei auf einer festeren Basis stehen.

Wenn Sie für sich selbst Verantwortung übernehmen und in bestimmten Situationen eine Klärung erreichen wollen, müssen Sie die andere Partei „konfrontieren“ – wie Psychologen sagen. Übersetzt bedeutet dieser Begriff, dem anderen Ihre Sicht der Dinge zu vermitteln und offen anzusprechen, dass Sie den Eindruck haben, etwas sei nicht in Ordnung. Ein solches Gespräch ist auf jeden Fall ein Konfliktgespräch – egal wie es ausgehen mag und selbst dann, wenn Sie es vielleicht sehr schnell schaffen, gemeinsam mit Ihrem Gegenüber eine Lösung zu finden. Denn Ihre Sicht der Dinge steht zunächst der Ihres Konfliktpartners gegenüber, der bis dahin „offiziell“ noch gar kein Problem hatte. Bedenken Sie in jedem Fall, dass die ausführliche und umfassende Vorbereitung eines Konfliktgesprächs wesentlich für einen erfolgreichen Ausgang ist. Bearbeiten Sie dazu die folgenden Fragen.

Worum geht's?

Manchmal lässt sich ganz einfach erkennen, worin ein Problem besteht, manchmal muss man erst länger darüber nachdenken. Es empfiehlt sich aber auf jeden Fall, zunächst ein Blatt Papier zur Hand zu nehmen und aufzuschreiben, was Ihrer Ansicht nach den Konflikt ausmacht. Was stört Sie? Was sind die Streitpunkte aus Ihrer Sicht? Anschließend notieren Sie, was die Streitpunkte aus Sicht Ihrer Gegenpartei sein könnten. Was wissen Sie sicher und was vermuten Sie lediglich? Kennzeichnen Sie beides auf unterschiedliche Weise.

Das Aufschreiben unterstützt nicht nur dabei, die eigenen Gedanken zu ordnen. Es hilft auch, den Konflikt greifbarer und handhabbarer zu machen. Nach Ansicht von Konfliktforschern trägt das Einfühlen und Verstehen in die Position des anderen wesentlich zur Konfliktlösung bei. Denn dadurch können sich einzelne Aspekte herauskristallisieren, statt dass eine einzige große dunkle Wolke über Ihnen und Ihrem Gegenüber hängt.

Manchmal ist es auch so, dass man eine bestimmte Vorstellung davon hat, worum es bei einem Konflikt geht. Erst später stellt sich heraus, was tatsächlich dahintersteckt. Rechnen Sie also damit, dass Ihnen vielleicht anfangs nur Symptome eines tiefer liegenden Konflikts ins Auge fallen. Doch selbst damit sind Sie der Lösung ein Stückchen näher gekommen. Jetzt haben Sie zumindest einen Anhaltspunkt, den Sie im Gespräch mit

Ihrem Konfliktpartner gemeinsam überprüfen können. Oder den Sie zunächst bei einer Beratungsstunde mit einem Coach nutzen können, um gemeinsam herauszuarbeiten, worum es gehen könnte.

An dieser Stelle folgt ein Auszug aus einem Interview, das sich mit Einverständnis der Gesprächspartnerin zu einem Coaching-Gespräch entwickelt hat. Bei einer längeren persönlichen Einzelberatung würde man einzelne Punkte noch weiter vertiefen.

Im Gespräch

*Isolde Werner** ist seit mehreren Jahren als Trainerin selbständig. Sie ist fachlich sehr gut ausgebildet und hat sich auf Arbeitsplatz- und Büro-Organisation spezialisiert. Vor kurzem hat eine Kollegin, die sie persönlich kennt, das eigene Angebot im Internet überarbeitet und dabei deutlich Anleihen von Isolde Werners Website gemacht. Wenn sich die beiden persönlich treffen, bedankt sich die Kollegin jedes Mal für den inspirierenden Austausch. Isolde Werner jedoch ist empört darüber, dass die Kollegin ihre Website einfach kopiert hat.

Warum ärgern Sie sich so, wenn Ihre Kollegin Sie als Vorbild benutzt? Das könnten Sie ja auch positiv sehen.
Das stimmt. Mein Mann hat mir auch schon gesagt, dass es doch das größte Kompliment für mich ist, wenn mein Angebot kopiert wird. Aber ich frage mich schon, wie gefährlich das für mein eigenes Geschäft ist. Schließlich versuche ich, mein Angebot mit einem gewissen Alleinstellungsmerkmal zu gestalten, und möchte für meine Kunden im Vergleich zur Konkurrenz nicht austauschbar sein.

Aber besteht das Alleinstellungsmerkmal nicht in der Kombination von dem, was Sie alles anbieten, und von Ihnen als Person? Wenn man Ihre Website mit der Ihrer Kollegin vergleicht, sieht man sofort, dass Ihr Auftritt wesentlich professioneller, Ihre Ausbildung qualifizierter und Ihre Kunden renommierter sind. Ist es nicht vielmehr die Frage, was Sie selbst benötigen, um sich klarzumachen, dass Ihnen das niemand wegnehmen kann?
Das klingt interessant. Darüber werde ich nachdenken und überlegen, wie ich mein Selbstbewusstsein stärken kann.

---

* Name geändert

Könnte es auch sein, dass der Konflikt in Wirklichkeit auf einer ganz anderen Ebene angesiedelt ist? Ist es vielleicht so, dass sich die Kollegin von Ihnen zwar alles Mögliche abschaut, Sie dagegen von dem Kontakt zu ihr nicht wirklich profitieren?

Ja, das stimmt. Und ich fühle mich dann leicht ausgenutzt. Die Kollegin ist noch nicht ein Mal auf die Idee gekommen, meinen Kaffee zu bezahlen – wobei es mir dabei nicht ums Geld geht.

Es scheint, als ob das Thema „Kopieren der Website" nicht der eigentliche Konflikt ist, sondern nur ein Symptom des darunterliegenden Konflikts. Sie pflegen einen kollegialen Austausch mit Ihrer Kollegin, es handelt sich um eine Netzwerk-Beziehung. Das Geben und Nehmen scheint zwischen Ihnen beiden nicht ausgewogen zu sein. Dazu gehören aber immer zwei. Es ist Ihre Verantwortung, Ihre Kollegin darauf hinzuweisen, was für Sie nicht passt, und zu schauen, ob sie bereit ist, Ihnen auch etwas zu geben.

Das ist ein interessanter Hinweis. Ich sehe mich immer als jemanden, der gern andere berät und ihnen weiterhilft. Aber das bedeutet ja nicht, dass ich nicht auch Unterstützung in Anspruch nehmen darf. In dieser Hinsicht kann ich mich sicher noch weiterentwickeln.

Was fühlen Sie?

In vielen Fällen sind die Bestandteile des Konflikts, die sich auf der Sachebene bewegen, relativ leicht zu klären. Der damit verbundene Beziehungskonflikt ist im Gegensatz dazu häufig schwieriger zu lösen, weil bei den Beteiligten durch die vorangegangenen Ereignisse oft schon sehr starke negative Gefühle entstanden sind.

Wichtig ist es, sich diese Gefühle zunächst einmal bewusstzumachen. Sind Sie verletzt, gekränkt, empört, wütend oder verärgert? Was genau im Verhalten Ihres Gegenübers hat diese Gefühle in Ihnen ausgelöst? Vor allem Frauen sind oftmals leicht zu kränken – wenn sich etwa ein Kunde beschwert: „Sie hätten auch früher sagen können, was noch alles an dem Projekt dranhängt." Und schon ist es passiert, auch wenn die Betreffende der Sache gar keine so große Bedeutung beimessen möchte. Sie ist gekränkt, weil sie sich abgewertet fühlt. Sich auf die eigentliche Arbeit zu konzentrieren, fällt in einer solchen Situation schwer.

Im Gespräch

Was tun, wenn Sie gekränkt sind? Diplom-Psychologin Dr. Bärbel Wardetzki, Autorin von „Kränkung am Arbeitsplatz, Strategien gegen Missachtung, Gerede und Mobbing" (München 2005), erklärt, wie man sich klarmacht, was passiert ist, und wie man konstruktiv mit negativen Reaktionen umgeht.

Was sind typische Situationen, in denen viele gekränkt reagieren?
Wenn etwa der Kunde nur den Kollegen aus der Geschäftsführung lobt, man selbst aber keine Rückmeldung erhält. Wenn eigene Ideen erst aufgegriffen werden, nachdem der Kollege sie vorgetragen hat. Oder wenn man beispielsweise eine Besprechung vorbereitet und das Gefühl hat, der andere nimmt das gar nicht wahr. Viele sind auch gekränkt, wenn sie Anweisungen erhalten wie „Stellen Sie doch bitte schnell noch die Daten zusammen", als ob das selbstverständlich sei und überhaupt keine Mühe bedeute.

Wie funktionieren Kränkungen?
Kränkungen sind unsere Reaktionen auf Aussagen oder Verhaltensweisen anderer, die wir als abwertend erleben. Wenn etwa Ihre Gründerkollegin zu Ihnen sagt: „Ach, gehen Sie heute schon wieder ins Fitnessstudio?" und Sie das verstehen als „Sie arbeiten hier aber mit wenig Engagement", dann kann Sie das kränken. Das Kränkungsgefühl setzt am Selbstwertgefühl an. Viele Kränkungen passieren im Kopf, indem man die Worte seines Gegenübers als gegen sich gerichtet empfindet. Ich hatte früher, als ich in einer Klinik arbeitete, eine Kollegin, die sehr mürrisch wirkte. Ich war überzeugt, dass sie mich nicht mochte. Und dann war sie die Erste, die mir sagte, wie sehr sie mich schätzte. Es stellte sich heraus, dass ihre Unzufriedenheit gar nichts mit mir zu tun hatte.

Was ist das Besondere an Kränkungen am Arbeitsplatz?
Die Beziehungen im Berufsalltag sind keine frei gewählten, sondern erzwungene. Die Menschen arbeiten wegen des Geldes und des Inhalts der Arbeit zusammen, nicht weil sie sich sympathisch sind. Auch Selbständige können sich ihre Kunden nicht aussuchen. Im Privatleben gibt es eine andere Art von Verpflichtung: „Wir mögen uns, deshalb kümmern wir uns umeinander." Kunden und Kollegen kann man nicht ansprechen wie zu Hause, man muss aufpassen, wem man was sagt. Und es gibt keinen Anspruch, dass der andere einem zuhört. Die Arbeit ist kein Ort für Selbsterfahrung, das macht es schwerer, mit Kränkungen umzugehen.

Welche Persönlichkeiten neigen denn eher als andere dazu, sich gekränkt zu fühlen?
Das sind vor allem Menschen mit einem instabilen Selbstwertgefühl. Darunter gibt es verschiedene Typen. Es kann sich um selbstunsichere Menschen handeln, die auch unsicher wirken. Oder ängstliche Persönlichkeiten, die immer befürchten, etwas falsch zu machen. Oder Menschen, die sehr schnell glauben, dass alles mit ihnen zu tun hat. Es können aber auch narzisstische Typen sein, die ihre Selbstunsicherheit hinter einer besonders grandiosen Fassade verbergen. Sie sind meist perfekt gestylt, perfekt organisiert, nur untendrunter, für die Umwelt schwer wahrnehmbar, fühlen sie sich ganz unsicher.

Wenn ich ziemlich schnell gekränkt bin – wie schaffe ich es, anders zu reagieren und möglichst gelassen zu bleiben?
Der erste Schritt besteht darin, sich bewusst zu werden, dass Sie zu den Menschen gehören, die relativ leicht zu kränken sind. Der zweite ist die Entscheidung, daran etwas verändern zu wollen. Das funktioniert, wenn Sie aufhören, das Problem auf die anderen zu schieben. Übernehmen Sie Verantwortung für sich selbst und sagen Sie sich ehrlich: „Ich bin verletzbar – und zwar ziemlich schnell." Das Problem liegt erst mal bei Ihnen als Betroffenem oder Betroffener. Das heißt nicht, dass der andere tun und lassen kann, was er möchte. Aber Sie müssen die Thematik erst akzeptiert haben, bevor Sie sich abgrenzen können.

Und wie geht es dann weiter?
Fragen Sie sich: „Worum geht es im Moment, was ist das eigentliche Problem?" Denn meist reagieren wir sehr emotional und sind der Meinung, nur das, was der andere tut, ist das Problem. So geraten wir in Gefahr, unangemessen heftig zu reagieren. Aber leider liegt die Lösung nicht beim anderen. Die Lösung finden Sie, wenn Sie sich überlegen: Was berührt dieses Verhalten in mir, dass ich mich so aufrege? Welches Gefühl steckt dahinter? Das kann ganz unterschiedlich sein. Etwa die Angst, ob man den Kunden halten kann, wenn er kein Feedback gibt. Oder die Scham, zwar den Anspruch zu haben, sehr gut zu sein, diesen aber wahrscheinlich nicht einlösen zu können. Oder Traurigkeit, weil man nicht die Anerkennung in Form eines angemessenen Honorars bekommt, die man braucht. Oder Wut oder Ärger, dass jemand nicht sieht, wie sehr man sich anstrengt. Wenn Sie diese Gefühle spüren, sind Sie ein großes Stück weiter und können klarer entscheiden, was Sie in der Situation tun wollen.

Soll ich dann offen ansprechen, dass ich gekränkt bin?

Nicht immer ist es im Berufsleben ratsam, Gefühle in aller Offenheit preiszugeben. Das sollte man sich gut überlegen. Es kann allerdings schon sehr viel bringen, das Gefühl nur für sich selbst in Worte zu fassen. Sie können dann wieder auf den anderen zugehen, ohne dass Ihnen das Gefühl des Gekränktseins dabei im Weg steht. Außerdem hilft es, sich zu überlegen, welche Art von Bedürfnis unbefriedigt geblieben ist. Wenn Sie etwa meinen, wegen des fehlenden Lobs nicht sichtbar zu sein, kann es Erleichterung verschaffen, sich einzugestehen: „Ich brauche jemanden, der mir sagt, wie gut ich bin." Ihre nächste Frage könnte dann sein: „Wer außer meinen Kunden kann mir das noch sagen? Mein Partner, meine Familie, eine Freundin oder vielleicht sogar ich selbst?" Wenn Sie darüber Klarheit haben, können Sie um Feedback bitten oder es sich selbst geben.

Was passiert, wenn man versucht, Kränkungen leichtzunehmen?

Wenn Sie eine Kränkung tatsächlich leichtnehmen, ist das völlig in Ordnung. Aber Sie sollten sich nichts vormachen. Wenn Sie sich gekränkt fühlen und unzufrieden sind, bindet das viel Energie. Es besteht die große Gefahr, dass sich psychosomatische Beschwerden wie Kopfschmerzen, Herzschmerzen, Magenschmerzen, chronische Bronchitis oder Störungen ohne körperlichen Befund entwickeln.

Oft ist es einem nicht bewusst, warum man in einer bestimmten Situation auf gewisse Weise reagiert. Auch da hilft nur der Blick nach innen. Wer sich darüber klarwerden möchte, worauf er besonders empfindlich reagiert, dem empfiehlt Monika Scheddin, Coach in München, die Bearbeitung der folgenden Fragen. Am besten halten Sie Ihre Antworten schriftlich fest.

- Was muss eine andere Person tun oder wie muss sie sich verhalten, damit Sie in die Luft gehen?
- Was bringt Sie total aus der Fassung? Wann sind Sie sprachlos und hilflos?
- Welche Situation vermeiden Sie am liebsten? Was ist Ihnen peinlich oder unangenehm?
- Was verletzt Sie?
- Womit kann man Ihnen schmeicheln? Wann lassen Sie sich dann doch einspannen?

- Wovor haben Sie am meisten Angst? Was ist das Schlimmste, was Ihnen beruflich und privat passieren kann?

Wenn Ihnen Ihr Muster klar wird, ist es leichter, innerlich Abstand zu gewinnen und gelassener zu reagieren. Und wenn Sie ein Muster verändern möchten, müssen Sie erst einmal wissen, was Sie aus der Fassung bringt oder was Sie verletzt. So können Sie einen Ansatzpunkt dafür finden, wie Sie in Zukunft mit solchen Situationen umgehen möchten.

Noch ein anderer Grund spricht dafür, unser eigenes Innenleben zu durchleuchten. Die Harvard-Konfliktforscher Douglas Stone, Bruce Patton und Sheila Heen weisen in ihrem schon erwähnten Buch darauf hin, dass wir oft versuchen, Gefühle aus einem Problem herauszuhalten. Sie warnen vor dieser Haltung: „Wer über seine Gefühle hinweggeht, wird darüber stolpern." So koste die Vermeidung von Gefühlen einen hohen Preis, das Offenlegen dagegen meist nicht. Mit Offenlegen ist hier allerdings nicht gemeint, die Geschäftspartner bis in den hintersten Seelenwinkel schauen zu lassen und eine Art psychologischen Striptease zu betreiben. Sondern zu überlegen, wie wir dosiert mitteilen, warum uns was geärgert, gekränkt oder wütend gemacht hat. Wenn wir uns unsere Gefühle selbst nicht eingestehen und sie auch anderen nicht zeigen, kommen sie meist an anderer Stelle wieder zutage und behindern die sachliche Auseinandersetzung. Und dann ist auch nicht mehr nachvollziehbar, wie diese Gefühle eigentlich entstanden sind. Wenn Ihre Konfliktpartner Ihre Gefühle nicht kennen, fehlen ihnen wesentliche Informationen über Sie. Das macht es ihnen schwerer, Sie und Ihre Position zu verstehen.

Hat beispielsweise Ihr Geschäftspartner Sie bei einer Besprechung übergangen und Sie fühlen sich vor den Kunden bloßgestellt, wird es für die Konfliktlösung wenig bringen, wenn Sie hinterher nur ruhig zu ihm sagen: „Ich war nicht damit einverstanden, dass du mir das Wort abgeschnitten hast." Ihr Kollege wird wahrscheinlich Besserung geloben, Sie werden weiter ärgerlich sein, und bei nächster Gelegenheit wird der Konflikt wieder hochkochen. Vielleicht werfen Sie Ihrem Geschäftspartner dann vor, dass er sich ständig bei den Kunden in den Vordergrund spielt. Sagen Sie besser offen, dass Sie sich geärgert haben und den Kunden gegenüber in einer schlechten Rolle sehen. Denn dann wird Ihr Geschäftspartner nachvollziehen können, dass es Ihnen nicht um eine Lappalie geht, sondern dass Sie wirklich ein Problem haben und Sie beide Ihr gemeinsames Auftreten vor den Kunden besprechen müssen.

Doch erst wenn Sie selbst Ihre Gefühle kennen, können Sie diese dem Konfliktpartner verständlich machen. Genau das ist nach Meinung der amerikanischen Konfliktforscher für ein Konfliktgespräch essenziell: „Gefühle sind bei schwierigen Gesprächen nicht nur beteiligt, sondern sie bilden auch den eigentlichen Kern, die Emotionen sind nicht lästiges Nebenprodukt, sondern integraler Bestandteil des Konfliktes." Nur wer sich über seine eigenen Gefühle im Klaren ist, wird es schaffen, Sach- und Beziehungsebene getrennt in den Blick zu bekommen, und kann auf diese Weise den Konfliktbereich vergrößern, der mit weniger persönlicher Betroffenheit verbunden ist.

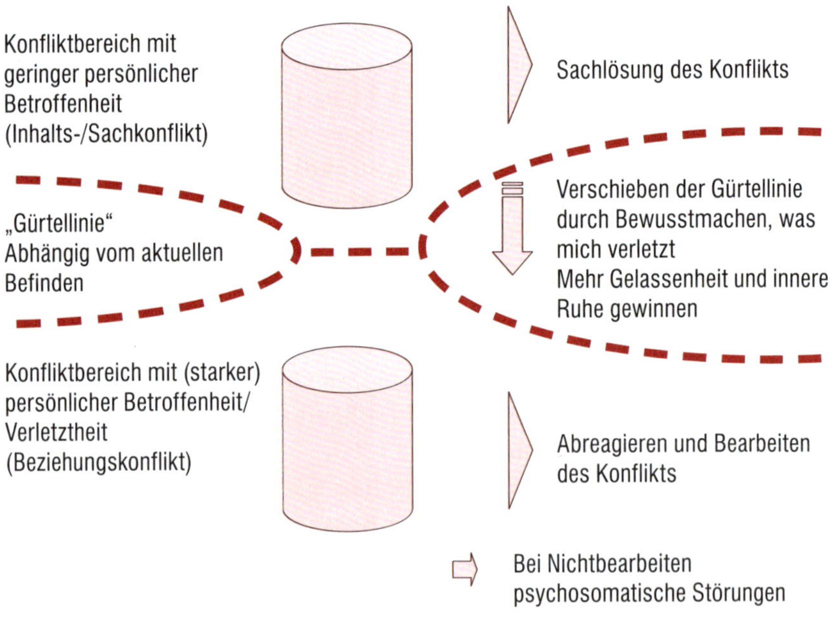

Quelle: Breuel & Partner, www.breuel-und-partner.de

Was ist Ihr Anteil am Problem?

Bei dieser Frage geht es nicht darum, dass Sie sofort alle Schuld bei sich suchen, sondern darum, den eigenen Anteil am Konflikt zu erkennen. Wenn Sie das schaffen, können Sie ein klärendes Gespräch entspannter führen und besser mit Ihrem Gesprächspartner nach einer gemeinsamen Lösung suchen. Natürlich sollen Sie Ihrem Konfliktpartner Ihre eigenen Bedürfnisse und Erwartungen offen mitteilen, aber andererseits müssen Sie auch dessen Motive und Interessen begreifen. Klingt gut, denken Sie vielleicht, aber trotzdem wäre es Ihnen am liebsten, der andere würde endlich einsehen, was er falsch macht, und sich ändern. Schließlich ist es doch ganz klar, dass Sie recht haben, oder?

Nein, leider ist die Sache nicht so einfach. Zu einem Konflikt gehören immer zwei Parteien, die zueinander in Beziehung stehen. Das heißt auch, dass das Verhalten der Beteiligten voneinander abhängt. Sie merken das zum Beispiel, wenn Sie sich fest vornehmen, jemanden, der immer wieder dieselbe unpassende Bemerkung über Ihre Art zu arbeiten macht, zu stoppen. Sie beschließen also, ihn beim nächsten Mal darauf hinzuweisen, dass er das doch in Zukunft bitte lassen soll. Oft reicht schon ein solcher Vorsatz aus, um auf den Betreffenden anders zu wirken. Und sein Verhalten ändert sich allein dadurch, dass Sie sich vorgenommen haben, anders aufzutreten. Dieses Beispiel zeigt, dass es sich lohnt, nach Ihrem persönlichen Anteil an einer Situation zu suchen. Vielleicht finden Sie selbst das Selbständigsein schwierig, sodass Ihr Selbstvertrauen leicht anzugreifen ist, wenn jemand von außen Sie kritisiert. Sie müssen sich dann selbstkritisch fragen, worin Ihre Verantwortung liegt. Vielleicht schätzen Sie sich falsch ein und Sie werden Ihren unternehmerischen Aufgaben teilweise tatsächlich nicht gerecht. Oder Sie strahlen aus anderen Gründen so viel Unsicherheit aus, dass ein Betrachter von außen auf die Idee kommen könnte, dass Sie Ihre Arbeit nicht ganz im Griff haben.

Worin der eigene Anteil an einem Konflikt besteht, ist immer individuell unterschiedlich. Daher können die folgenden Ausführungen nicht jeden Einzelfall abdecken. Die Fragen sollen Ihnen aber auf jeden Fall Anregungen dafür geben herauszufinden, wie Ihr Anteil in Ihrer speziellen Situation aussieht.

Fordern Sie zu viel von sich selbst?

Wie steht es mit Ihrem Perfektionismus? Wenn Sie sich überfordern und Aufgaben ernster als nötig nehmen, brauchen Sie vielleicht zu viel Zeit dafür. Es kann auch sein, dass Sie sich in nicht so wichtigen Details verzetteln. Beides kann zu Schwierigkeiten mit dem Auftraggeber führen, weil Sie mehr Zeit brauchen als vereinbart oder Ihren Termin nicht einhalten können.

Haben Sie realistische Erwartungen an Ihre Tätigkeit, an Ihre Kunden und an Ihre Mitarbeiter?

„Der gesamte Wirtschaftsprozess kennt keine Gerechtigkeit; sie wird von außen mühsam aufgestülpt (Gesetze), ist aber nicht systemimmanent", schreibt der Personalberater Heiko Mell in seinem Buch „Spielregeln für Beruf und Karriere" (Berlin 2005). Manche Menschen haben jedoch sehr idealistische Vorstellungen, die in der Realität des Berufsalltags nicht erfüllt werden. Sie erwarten zum Beispiel, dass die Kunden-Unternehmen ihren moralischen Ansprüchen gerecht werden. Sie erwarten, dass sie ausdrücklich in Form von Lob bestätigt werden. Oder sie gehen davon aus, dass ihre Mitarbeiter den hohen Leistungsanforderungen entsprechen, die sie selbst an sich stellen, und stehen den menschlichen Unzulänglichkeiten und Schwächen der Mitarbeiter ungnädig gegenüber, sodass es immer wieder zu Konflikten kommt.

Sind Sie überfordert?

Ist der Auftrag vielleicht schlicht eine Nummer zu groß für Sie? Besitzen Sie auf diesem Gebiet überhaupt genügend Kompetenz? Sind Sie tatsächlich der oder die Richtige für diesen Auftrag? Viele Menschen sind sehr empfindlich, was Kritik an ihrer Arbeit angeht. Verdrängen Sie solche Feedbacks aber nicht, sondern setzen Sie sich damit auseinander. Nur so können Sie etwas verbessern. Überdenken Sie, ob Sie sich tatsächlich in der richtigen Branche bewegen oder den richtigen Auftraggeber gefunden haben: Vielleicht reicht Ihre Erfahrung doch (noch) nicht und es wäre besser, erst einmal andere Arbeitsschwerpunkte zu wählen.

Im Gespräch

*Dorothea Stadler** war erst wenige Monate als Werbetexterin selbständig, als sie von einer renommierten Werbeagentur den Auftrag bekam, eine Firmenbroschüre zu überarbeiten. Doch dieser Job hatte seine Tücken.

Was war das Problem?

Das Material für die Broschüre kam von der amerikanischen Mutterfirma und war bereits ins Deutsche übersetzt worden. Die Mitarbeiterin der Agentur sagte mir,

* Name geändert

dass sie vor allem Wert auf die richtige Verwendung des Fachvokabulars lege. Allerdings konnte ich mich in dieser Zeit nicht besonders gut konzentrieren, da ich gerade in einer privaten Krise steckte. Trotzdem versuchte ich sicherzugehen, dass die deutschen Ausdrücke stimmten, und informierte mich in einem Facharchiv. Das Texten erwies sich dennoch als ausgesprochen schwierig, was ich auch bei der Abgabe sagte. Die betreffende Mitarbeiterin wechselte gerade intern in eine andere Abteilung, versprach aber, meine Einschätzung an ihre Nachfolgerin weiterzugeben.

Hat die Nachfolgerin sich dann bei Ihnen gemeldet?

Ja, sie lud mich zu einer Besprechung ein und sagte mir, dass man mit meiner Arbeit nicht zufrieden sei. Die Broschüre enthalte sowohl stilistische als auch Flüchtigkeitsfehler. Das Gespräch war mir unangenehm, aber richtig überrascht war ich nicht. Ich hatte es mir zwar nicht richtig eingestanden, doch insgeheim hatte ich selbst das Gefühl gehabt, dass mich der Auftrag überforderte. So sagte ich nur, dass ich noch keine langjährige Erfahrung hätte, dass es eine meiner ersten Broschüren sei. Später telefonierte ich noch einmal mit der neuen Mitarbeiterin, und sie sagte mir, dass sich der Kunde beschwert hatte, weil das Fachvokabular in der Broschüre falsch verwendet worden sei. Die Broschüre müsse jetzt von jemand anderem noch einmal überarbeitet werden, was zusätzliche Kosten bedeute. Ich verwies auf meine private Krise, dass es mir nicht gut gegangen sei. Darüber ärgerte ich mich später, weil ich das unprofessionell von mir fand. Die Auftraggeberin ging darauf auch gar nicht weiter ein, aber ich habe von dem Unternehmen nie wieder einen Auftrag bekommen.

Wie beurteilen Sie heute nach Jahren diese schwierige Situation?

Ich habe später noch einmal mit der ursprünglich zuständigen Mitarbeiterin gesprochen. Sie erzählte mir, dass sie ihrer Nachfolgerin meine Bedenken wegen des Fachvokabulars mitgeteilt, die neue Mitarbeiterin aber nichts unternommen hatte. Das ärgerte mich sehr, weil mir klarwurde, dass ich versäumt hatte, mich deutlich abzugrenzen. Mit meiner Aussage „Mir ging es schlecht" habe ich bereitwillig die Opferrolle übernommen, mich kleingemacht und viel zu schnell die eigene Position aufgegeben. Zwar war es richtig, dass ich meine Fehler zugegeben habe, aber auch die Mitarbeiterin der Agentur hat Fehler gemacht, weil sie meine Bedenken nicht ernst genug genommen hat. Schließlich war das Vokabular tatsächlich falsch übersetzt worden. Aber das spielte in der späteren Diskussion gar keine Rolle mehr, weil ich nicht mehr darauf hingewiesen hatte.

Was würden Sie heute in so einem Fall tun?

Heute würde ich meine Position besser absichern und die Bedenken schriftlich darlegen. Und ich würde vor der endgültigen Abgabe des Textes die kritischen Passagen mit einer stilistisch erfahrenen Kollegin besprechen.

Akzeptieren Sie Ihre Kunden?

Bekommen Ihre Kunden von Ihnen eine angemessene Wertschätzung? Oder sind Sie – auch wenn Ihnen das selbst vielleicht gar nicht so bewusst ist – im Grunde Ihres Herzens der Überzeugung, dass doch Sie der Spezialist beziehungsweise die Expertin sind und der Kunde keine Ahnung hat? Achtung: Auch wenn Sie Ihre Einschätzung nicht artikulieren, die Kunden spüren sie trotzdem und werden entsprechend irritiert reagieren – was die Zusammenarbeit erschwert.

Fragen Sie sich außerdem, ob Sie vielleicht etwas an Ihren Kunden nicht in Ordnung finden, das in Wirklichkeit einen Teil von Ihnen widerspiegelt. Vielleicht lehnen Sie Verhaltensweisen ab, die Sie selbst haben, aber bei sich nicht akzeptieren. Oder Sie hätten bestimmte Eigenschaften gern, gestehen sich das aber nicht ein. Für einen selbst ist es oft schwer, auf solche Fragen eine Antwort zu finden, weil man diese Aspekte bei sich selbst verdrängt. Wenn Sie meinen, dass es sich lohnt, einmal in diese Richtung zu forschen, empfiehlt es sich, an diesem Thema mit einem Coach weiterzuarbeiten.

Fordern Sie zu wenig?

Achten Sie zu stark auf gute Beziehungen und halten sich deshalb zu sehr zurück? Viele Gründer sind gerade am Anfang noch unsicher und wollen es sich – verständlicherweise – mit niemandem verderben. So meinen sie oft, dass sie nicht das Recht haben, etwas zu verlangen, und trauen sich nicht, etwas zu fordern. Schon mit der Art, wie sie etwas formulieren, geben sie dem anderen die Erlaubnis, nicht das zu machen, was sie fordern. Beispiel: Sie fragen: „Könnten Sie bitte …?“ Dann kommt als Antwort: „Das geht nicht.“ In Wirklichkeit heißt das oft: „Ich will nicht.“ Besser wäre es, auch den Kunden gegenüber deutlich zu sagen, was Sie leisten können und wollen und was aus Ihrer Sicht der Part des Kunden sein sollte.

Grenzen Sie sich genügend ab?

Haben Sie einen eigenen Standpunkt – beispielsweise gegenüber Ihren Mitgründern – oder wollen Sie Harmonie um jeden Preis und geraten dadurch in eine Opferrolle? Nehmen Sie es zum Beispiel klaglos hin, wenn Kollegen Ihnen eigene Arbeit aufs Auge drücken, die weder in Ihren Bereich noch zu Ihren Aufgaben zählt? Machen Sie sich klar, in welchem Spannungsfeld das Problem angesiedelt ist. Was sind die Erwartungen der anderen und was sind Ihre eigenen? Überlegen Sie sich, inwieweit Sie konfliktfähig sind oder ob Sie es nur allen recht machen wollen.

Vertreten Sie Ihren Standpunkt deutlich?

Trauen Sie sich, Ihre Meinung beispielsweise gegenüber Kunden deutlich zu vertreten? Dazu gehört auch, schriftliche Vermerke zu machen und Bestätigungen über Absprachen zu fordern. Sie können sich später darauf berufen und sind für eine mögliche Konflikt- oder Krisensituation besser abgesichert. So etwas bedeutet unter Umständen Konfrontation und erfordert Mut, denn mit einem solchen Vorgehen könnten Sie ja die vermeintlich harmonische Beziehung stören. Dabei gilt das hauptsächlich für einen unangekündigten Wechsel der Kommunikationsebene – zum Beispiel von mündlich zu schriftlich –, der die Gesprächspartner verschreckt und den sie als Affront ansehen.

Es geht aber auch anders, wenn Sie frühzeitig darüber sprechen: Kündigen Sie zum Beispiel während eines Gesprächs oder beim Abschluss eines Telefonats der anderen Partei freundlich an, dass Sie, um Missverständnisse zu vermeiden, den Gesprächsinhalt noch einmal formlos zusammenfassen und ihr zuschicken. E-Mail ist dafür ein perfektes Medium. Es hat die Anmutung des Beiläufigen, Nichtoffiziellen. Trotzdem hat man hinterher alles, was besprochen wurde, schwarz auf weiß ausgedruckt und damit dokumentiert. Und für die Gesprächspartner bedeutet es keinen großen Aufwand, den Erhalt der E-Mail und deren Inhalt kurz zu bestätigen.

Neigen Sie zu Überfürsorge?

Behandeln Sie Ihre Mitarbeiter und Kollegen wie Kinder? Wenn Sie mit anderen nicht gleichberechtigt umgehen und keine Selbständigkeit von ihnen erwarten, halten Sie sie dadurch klein. Dann kann zwar keine Bedrohung von ihnen ausgehen, aber Sie haben auch nicht die Chance, die Unterstützung zu erhalten, die Sie erwarten.

Haben Sie gegen die Spielregeln verstoßen?

Nicht nur innerhalb von Unternehmen spielen hierarchische Aspekte eine große Rolle, sondern auch im Verhältnis zu Kunden. Sind Ihnen die geschriebenen und ungeschriebenen Gesetze der Berufswelt bewusst? Kennen Sie die informellen Machtspielregeln der Geschäftswelt? Oder haben Sie zum Beispiel – was Frauen häufiger passiert, ohne dass sie es beabsichtigen – Ihren Kunden mit einer vermeintlich harmlosen Bemerkung bloßgestellt und sein Gesicht verlieren lassen? Wenn Sie die Spielregeln nicht einhalten, egal ob Sie sie nicht kennen oder nicht beachten wollen, müssen Sie mit Konflikten rechnen.

Was ist Ihr Anreiz?

Was Menschen in einer bestimmten Situation dazu bewegt zu handeln, hängt unter anderem grundsätzlich von einem Persönlichkeitsmerkmal ab, nämlich davon ob die Person eher intrinsisch oder extrinsisch geprägt ist. Und das wirkt sich ebenfalls darauf aus, wie die oder der Betreffende sich in Konfliktfällen verhält.

- Intrinsisch motiviertes Verhalten: Viele Selbständige sind intrinsisch motiviert. Obwohl sie gerade am Anfang oft noch nicht besonders viel verdienen, identifizieren sie sich mit ihrem eigenen Unternehmen und haben Spaß an ihrer Arbeit. Sie kümmern sich darum, dass alles gut läuft, und investieren dafür bei manchen Aufträgen auch einmal mehr Zeit und Aufwand. Bei einem intrinsisch motivierten Menschen kommt der Antrieb von innen, er bestimmt sein Verhalten selbst – in Übereinstimmung mit seiner eigenen Auffassung. Er möchte eine Sache voll und ganz beherrschen. Zu seinen Eigenschaften gehören Neugier, Spontaneität und Interesse an der Umwelt. Äußere Anstöße wie Lob, Versprechungen oder Drohungen sind nicht nötig. Die intrinsische Motivation kann jedoch abnehmen, wenn man Versuchspersonen von außen Belohnungen wie Geld oder Auszeichnungen für eine ursprünglich intrinsisch motivierte Aktivität anbietet.
- Extrinsisch motiviertes Verhalten tritt meist nicht spontan auf, sondern wird durch äußere Anreize angeregt. Infrage kommen Geld, Beförderungen, Ranglisten, Noten oder ein bestimmter Status. Selbständige, die zu dieser Gruppe gehören, engagieren sich beispielsweise bei einem bestimmten Auftrag besonders, wenn das Honorar sehr hoch ist – selbst wenn sie das Thema wenig interessiert.

Wenn Sie eher intrinsisch geprägt sind, werden Sie sich in einem Konflikt stärker als handelnde Person erleben, die nach Lösungen sucht. Wenn Sie stärker extrinsisch motiviert sind, werden Sie sich mehr als Opfer der Umstände sehen. Das geht vielleicht sogar so weit, dass Sie denken, überhaupt keinen Anteil an einem Konflikt zu haben. Es wird Ihnen nicht leichtfallen zu erkennen, was Sie tun können, um den Konflikt anzugehen.

Tipp
Was Sie beitragen können

Für die Suche nach einer Lösung ist es für jeden nützlich, die intrinsischen Faktoren und damit die eigenen Einflussmöglichkeiten in der fraglichen Situation einmal genauer anzuschauen.

- Was können Sie selbst gestalten?
- Welche Angebote können Sie dem Konfliktpartner deshalb machen?
- Welcher innere Anreiz könnte Ihr Gegenüber dazu bringen, den Konflikt mit Ihnen tatsächlich lösen zu wollen?

„Es ist alles nur ein Spiel"

Um den eigenen Anteil am Konflikt besser erkennen zu können, kann es hilfreich sein, das bereits erwähnte „Drama-Dreieck" anzuwenden (siehe Seite 27f.). Überlegen Sie sich, ob Sie in der Rolle des Opfers, des Verfolgers oder des Retters sind. Je nachdem, in welcher Rolle Sie sich wiederfinden, können Sie die nächsten Schritte planen, um Ihre eigene Rolle zu verändern, und dann aus dem Spiel aussteigen. Das Drama-Dreieck schafft zum einen Raum für neue Verhaltensweisen und neue Lösungsalternativen. Zum anderen gewinnen Sie schon allein durch den Versuch, das Ganze als Spiel zu betrachten, Abstand zum Geschehen.

Wenn Sie Ihren eigenen Anteil am Konflikt deutlicher sehen, werden Sie auch in der Lage sein, die Position Ihres Gegenübers etwas objektiver zu betrachten. So können Sie sich bewusstmachen, dass wir unsere Ansichten meist als absolute Wahrheit präsentieren, obwohl es sich um Wahrnehmungen, Interpretationen und Werte handelt. Dadurch gewinnen Sie Abstand, mehr Gelassenheit und innere Ruhe. Der Effekt: Es findet eine Art Verschiebung statt, sodass die Sachebene des Konflikts größer und die Beziehungsebene kleiner wird. So fällt es leichter, gemeinsam eine sachliche Lösung zu finden, mit der beide Parteien leben können.

Welche Argumente und Gegenargumente gibt es?

Sie haben sich klargemacht, worum es bei dem Konflikt geht, was Sie dabei fühlen und was Ihr eigener Anteil am Konflikt sein könnte. Der nächste Schritt besteht nun darin, Ihre wichtigsten Argumente zusammenzustellen. Und überlegen Sie sich auch, welche Argumente Ihr Konfliktgegner anführen könnte. Schreiben Sie alles auf ein frisches Blatt Papier. Wenn Ihnen später noch etwas dazu einfällt, ergänzen Sie es. Entscheiden Sie erst später, welche Argumente Sie im Gespräch tatsächlich einsetzen wollen und welche nicht. Nehmen Sie auch Ihre bisherigen Aufzeichnungen noch einmal zur Hand und schreiben Sie gegebenenfalls auf, welche weiteren Ebenen des Konflikts Sie bemerkt haben. Beide Sammlungen dienen dazu, sich einen Überblick über die Situation und die damit verbundenen Aspekte zu verschaffen. Fragen Sie sich außerdem, wo Ihre gemeinsamen Ziele liegen und wie Sie diese der Gegenpartei stimmig vermitteln können.

Wie sieht der „Worst Case" aus?

Weil Sie vor dem Gespräch noch nicht wissen, wie es ausgehen wird, stellen Sie sich bei der Vorbereitung den „Worst Case" vor. Vielleicht wird Ihnen der nächste Auftrag nicht so problemlos erteilt wie der gerade abgeschlossene. Oder Sie verärgern den Kunden nachhaltig und verlieren ihn – und er spricht auch noch schlecht über Sie. Welche Folgen sind vorstellbar? Überlegen Sie, was Sie überbewerten, was übertriebene Ängste sind und was realistischerweise schlimmstenfalls passieren könnte. Fragen Sie sich ehrlich, ob Sie bereit sind, diese Konsequenzen zu tragen. Erst diese Überlegung ermöglicht es Ihnen, das Gespräch mit einer offenen Haltung zu führen und verschiedene mögliche Konfliktlösungen in Betracht zu ziehen.

*Christa Grubenbauer** übersetzt Bücher, ihre Auftraggeber sind verschiedene Verlage. Bei einem Verlag fühlt sie sich seit Jahren unterbezahlt. Zwar hatte sie immer wieder einmal verhandelt und geringfügige Verbesserungen erreicht, aber das Honorar war immer noch zu niedrig. So beschloss Christa Grubenbauer, notfalls auf diesen Verlag als Kunden zu verzichten, und kündigte an, dass sie für das Geld nicht mehr arbeiten würde. Zu ihrem Erstaunen erhöhte der Verlagsmitarbeiter daraufhin das Honorar, weil man sie nicht verlieren wolle. Diese Lösung war nur möglich, weil sie sich vorher mit dem Worst Case auseinandergesetzt hatte und bereit gewesen wäre, die Konsequenzen zu akzeptieren.

---

* Name geändert

Vor jedem Konfliktgespräch muss eine Abschätzung des Risikos stattfinden. Fragen Sie sich bei Ihrer Vorbereitung: Was ist die äußerste Konsequenz, die ich hinnehmen will? Überlegen Sie sich, ob Sie einen Kunden notfalls aufgeben oder einem Mitarbeiter kündigen würden, falls die Probleme nicht in den Griff zu bekommen sind. Wenn Sie es schaffen, innerlich loszulassen und etwa den Kunden nicht mehr um jeden Preis behalten wollen, werden Sie merken, um wie vieles leichter ein solches Gespräch zu führen ist. Und Sie können so auf sachlichere Art und Weise darüber nachdenken, ob eine weitere Zusammenarbeit sinnvoll ist oder nicht oder unter welchen Umständen sie sinnvoll gestaltet werden kann.

Tipp

Trainieren Sie mit einem Sparringspartner

Wenn Sie keine Übung im Führen von Konfliktgesprächen haben, sollten Sie sich nicht nur gut vorbereiten, sondern sich auch in einem Mini-Rollenspiel erproben. Bitten Sie eine gute Freundin, einen Freund oder Ihre/n Partner/in (vorausgesetzt, Sie streiten sich nicht anschließend darüber, dass er oder sie Sie wieder nicht verstehen will), ob er oder sie den Gegenpart übernehmen würde. Natürlich können Sie auch einen professionellen Coach hinzuziehen. Diese Art von Übung dient nicht nur dazu, sich über die eigene Position und die eigenen Gedanken klarzuwerden und später seine Argumente schlüssig vortragen zu können. Erstaunlich ist auch, was Sie entdecken können, wenn Sie genauer darauf achten, wie sich Ihr Sparringspartner in seiner Rolle verhält. Wenn er sich angegriffen fühlt und sich verteidigt, sollten Sie Ihr Auftreten und Ihre Argumentation noch einmal überdenken. Sonst ist die Gefahr groß, dass Ihr Konfliktpartner im wirklichen Leben genauso reagiert. Ebenfalls hilfreich: Nehmen Sie die Position des Konfliktpartners ein, vielleicht werden Sie ganz neue Gesichtspunkte an einer Situation entdecken.

Sehen Sie bei Konflikten immer auch das Positive

„So weit kommt es noch“, werden Sie vielleicht denken. Doch es lohnt sich, die schwierige Situation daraufhin abzuklopfen, was gut ist. Wenn Sie zum Beispiel Ihren Gesprächspartner für unmöglich halten, wird er das merken und sich von Ihnen nicht gewürdigt fühlen. Warum sollte er einen Konflikt mit Ihnen lösen wollen, wenn er keine Wertschätzung von Ihnen spürt? Es hilft, wenn Sie versuchen, statt der Haltung „Ich habe recht, du hast unrecht“ langfristig die Grundhaltung einzunehmen, die in dem Buch „Ich bin o. k. Du bist o. k.“ (Reinbek 1975) von Thomas A. Harris, einem Mitbegründer der Transaktionsanalyse, dargestellt wird. Das bedeutet nicht, dass man alle Menschen lieben und nur noch durch die rosarote Brille betrachten sollte. Vielmehr geht es darum, dass man sich auf Augenhöhe begegnet und dem anderen grundsätzlich zugesteht, in Ordnung zu sein, selbst wenn einem einzelne Aspekte seines Verhaltens nicht passen.

Fragen Sie sich bei Ihrer Vorbereitung, welche positiven Seiten Ihr Konfliktpartner hat – und schreiben Sie sie ebenfalls auf, damit Sie sie nicht so leicht wieder verdrängen können. Machen Sie sich klar, dass es um eine konkrete Situation geht. Sie und Ihr Konfliktpartner können weiterhin als Menschen völlig in Ordnung sein, auch wenn Ihr eigenes Verhalten oder das Ihres Konfliktpartners in bestimmten Situationen nicht angemessen ist.

Um ein Konfliktgespräch gut führen zu können, ist es genauso wichtig, auch sich selbst und die eigenen Wünsche und Forderungen als in Ordnung zu erleben. Wenn Ihnen das schwerfällt, arbeiten Sie daran. Mit einem gesunden Selbstbewusstsein lassen Sie sich durch Konflikte nicht mehr so schnell aus der Bahn werfen und können wenn nötig ein klärendes Gespräch mit mehr Souveränität und Ruhe führen. „Je mehr wir um unseren Wert wissen, umso weniger kann ihn ein anderer zunichte machen“, sagt Diplom-Psychologin Bärbel Wardetzki. In ihrem Buch „Mich kränkt so schnell keiner! Wie wir lernen, nicht alles persönlich zu nehmen“ (München 2005) empfiehlt sie folgende Übungen, um das eigene Selbstwertgefühl zu verbessern.

Opferspiele verändern

Jemand, der gekränkt ist, empfindet sich psychologisch gesehen oft als Opfer und fühlt sich dem anderen unterlegen. Um diese Haltung zu verändern, überlegen Sie sich zunächst, welche „Opfer-Gedanken“ Ihnen in Situationen, in denen Kränkungen eine Rolle spielen, in den Sinn kommen. Themen könnten sein:

- „Ich bin an allem schuld.“
- „Ich kann's nie recht machen.“
- „Immer bin ich der Verlierer.“

Überlegen Sie, was Ihre eigenen Opfer-Gedanken sind, und listen Sie sie auf. Im zweiten Schritt suchen Sie für jedes Thema, das Sie gefunden haben, einen Gegen-Satz, der Ihr Selbstwertgefühl unterstützt und Sie stärkt. Die Gegen-Sätze zu den Opfer-Gedanken oben könnten beispielsweise lauten:

- „Ich allein trage nicht die Schuld. Was ist der Anteil meines Gegenübers am Konflikt?"
- „Es ist nicht meine Aufgabe, es anderen recht zu machen, sondern wir müssen unsere Erwartungen und Wünsche miteinander abklären."
- „Ich mache mich nicht zum Verlierer, sondern sehe, was ich schon in meinem Leben geschafft habe und wie oft ich auf der Siegerseite war."

Stärken in Schwächen suchen

Welche Eigenschaften Stärken und welche Schwächen sind, ist relativ und hängt von Ihrer Bewertung ab. So kann eine Schwäche zugleich eine Stärke beinhalten oder eine Stärke eine Schwäche, je nachdem, aus welcher Perspektive heraus Sie sie betrachten. Um Ihr Selbstwertgefühl zu festigen, können Sie Ihre sogenannten Schwächen aus einem anderen Blickwinkel betrachten und herausfinden, welche Stärken in ihnen verborgen sind. Eine Schwäche könnte sein: „Ich reagiere immer so stark gefühlsmäßig und muss gleich weinen." Die Stärke, die in dieser Schwäche steckt, könnten Sie so beschreiben: „Es ist eine Stärke, gefühlsmäßig empfindsam zu sein, zugleich kann ich mich daher auch gut in andere einfühlen." Oder umgekehrt könnte die Schwäche heißen: „Ich bleibe meist cool und unberührt." Und die darin verborgene Stärke: „Ich verliere auch in kritischen Situationen nicht den Überblick und kann klar denken."

Bitte überlegen Sie nun, was Sie als Ihre Schwächen ansehen. Fahnden Sie in einem zweiten Schritt danach, welche Stärken darin stecken. Es geht nicht darum, eine rosarote Brille aufzusetzen, sondern um die Chance zu erkennen, dass bestimmte Schwächen, die Ihnen gerade sehr zu schaffen machen, auch ihre guten Seiten haben. Dieses Wissen kann in Situationen, in denen Sie sehr angespannt sind, beruhigend wirken.

Pluspunkte sammeln

Nehmen Sie sich jeden Abend einige Minuten Zeit und gehen Sie den Tag in Gedanken durch. Achten Sie dabei auf die positiven Ereignisse, die Sie erlebt haben:

- Was hat Ihnen an sich selbst gefallen?
- Was haben Sie gut gemacht?
- Was ist Ihnen gut gelungen?
- Wofür haben andere Menschen Sie gelobt?

Dabei spielt es keine Rolle, ob es sich um wichtige Ereignisse oder aber um Kleinigkeiten handelt. Schreiben Sie bitte alle positiven Erfahrungen auf und verbuchen Sie diese jeweils als Pluspunkt für sich.

Tipp

Profi-Vorbereitung für Konfliktgespräche

Beantworten Sie die folgenden Fragen schriftlich, um sich ausgiebig auf ein Konfliktgespräch vorzubereiten:

- Was sind die Streitpunkte aus Ihrer Sicht?
- Was sind die Streitpunkte aus Sicht Ihrer Gegenpartei?
  - Was wissen Sie darüber?
  - Was sind Ihre Vermutungen?
- Was fühlen Sie?
- Was ist Ihr Anteil am Konflikt?
- Was sind die wichtigsten Argumente?
  - Was sind Ihre wichtigsten Argumente?
  - Was werden voraussichtlich die wichtigsten Argumente Ihres Konfliktpartners sein?
- Was ist der Worst Case, der durch das Gespräch eintreten kann?
- Welche positiven Seiten hat Ihr Konfliktpartner?

Am Anfang macht eine solche umfassende Vorbereitung viel Mühe. Doch auf diese Weise verhindern Sie, dass ein Konfliktgespräch mehr Schaden anrichtet, als es Nutzen bringt. Und Sie werden merken, dass Sie sich mit der Zeit leichter und schneller in andere einfühlen und hineindenken können.

6. Wie Sie ein Konfliktgespräch führen

Die Probleme nicht so hoch hängen und mal eben locker zwischen Tür und Angel ansprechen – das verspricht wenig Erfolg. Nehmen Sie Konfliktgespräche ernst und schaffen Sie dafür mindestens so gute Voraussetzungen wie für andere wichtige Gespräche. Achten Sie vor allem darauf, dass Sie auf Augenhöhe mit Ihrem Konfliktpartner sprechen. Welche Grundregeln Ihnen dabei helfen, erfahren Sie in diesem Kapitel.

In einer beruflichen Krise kann es für Sie existenzielle Bedeutung haben, *wie* Sie ein Konfliktgespräch führen. Damit sich dabei keine unglückliche Dynamik entwickelt, ist es wichtig, sich vorher die Regeln dafür vor Augen zu halten. Diese Regeln betreffen im Einzelnen:

- Schaffen Sie eine gute Gesprächssituation.
- Achten Sie darauf, wie Sie kommunizieren.
- Sprechen Sie angemessen über Ihre Gefühle.
- Pflegen Sie einen Austausch auf Augenhöhe.
- Suchen Sie gemeinsam nach Lösungen.

Schaffen Sie eine gute Gesprächssituation

Es ist oft nicht einfach, sich zu überwinden, ein Konfliktgespräch zu führen. Und wenn man dann doch so weit ist, möchte man es schnell hinter sich bringen. Dabei lohnt es sich, auf die Rahmenbedingungen zu achten, denn sie beeinflussen den Verlauf eines Gesprächs maßgeblich. Die folgenden Punkte sind zu beachten.

Wählen Sie einen neutralen Ort

Wählen Sie bei einem sehr schwierigen Gespräch möglichst einen neutralen Ort. So hat keine der beiden Konfliktparteien einen Heimvorteil, und die Atmosphäre ist entspannter.

Gespräch unter vier Augen

Sprechen Sie immer unter vier Augen mit dem oder der Betroffenen. Sorgen Sie also dafür, dass keine andere Person im Raum anwesend ist.

Halten Sie Störungen fern

Vermeiden Sie Unterbrechungen. Am besten geben Sie bekannt, dass Sie nicht gestört werden möchten. Wenn Ihr Gesprächspartner dauernd abgelenkt ist – beispielsweise, weil sein Handy ständig klingelt –, fragen Sie ihn, ob Sie beide das Gespräch lieber vertagen sollen.

Sprechen Sie nur ein Thema an

Nehmen Sie sich nur ein einziges Thema vor. Ein Konfliktgespräch zu führen ist kompliziert genug. Außerdem geben Sie sonst Ihrem Gegenüber die Möglichkeit, auf ein unwichtigeres Thema auszuweichen. Stellen Sie auf jeden Fall fest, ob der Konflikt, über den Sie sprechen wollen, tatsächlich das Problem ist oder nur das Symptom eines tiefer liegenden wichtigeren Konflikts.

Atmen Sie regelmäßig

Falls Sie nervös sind: Kontrollieren Sie Ihre Atmung. Machen Sie ein paar tiefe Atemzüge. Wie war es, als Sie das letzte Mal erfolgreich ein solches Gespräch geführt haben? Erinnern Sie sich bewusst an dieses positive Gefühl. Was Sie einmal geschafft haben, schaffen Sie immer wieder. Und wenn Sie zum ersten Mal in Ihrem Leben ein solches Gespräch führen? Führen Sie sich dann vor Augen, welche schwierigen Situationen Sie bereits im Beruf oder während Ihrer Ausbildung gemeistert haben.

Signalisieren Sie Bereitschaft

Zeigen Sie grundsätzliche Gesprächs- und Verhandlungsbereitschaft und machen Sie deutlich, dass Sie ein mögliches Problem verstehen wollen. Oft ist der andere eher bereit, ebenfalls zuzuhören, wenn er sich angenommen fühlt. Versuchen Sie nicht herauszufinden, wer recht hat, sondern wie Sie beide gemeinsam das Problem lösen können. Die Perspektive des anderen dabei zu verstehen bedeutet nicht, die eigene aufzugeben.

Achten Sie darauf, wie Sie kommunizieren

Gerade für den Verlauf eines Konfliktgesprächs ist es ganz wichtig, wie etwas gesagt wird. Achten Sie daher auf die folgenden Punkte, wenn es um Ihre Kommunikation geht.

Benutzen Sie konkrete Formulierungen

Formulieren Sie Ihre Sätze konkret und direkt, und machen Sie dabei Ihre Ziele und Motive deutlich. Beschreiben Sie Ihr Anliegen auf eine Weise, dass der andere auch wirklich versteht, was Sie meinen. Sehr oft verlaufen Konfliktgespräche so, dass derjenige, der ein Problem hat, vage Andeutungen macht und meint, er habe schon alles ziemlich deutlich gesagt. Meist ist dann aber dem Gegenüber überhaupt noch nicht klar, worum es geht.

Beschreiben Sie zudem ganz konkret, wie sich das Verhalten des anderen auf Sie und Ihre Arbeit auswirkt. Machen Sie deutlich, worin die

Konsequenzen für Sie, für die Arbeitssituation, für die persönliche Beziehung und auch für andere bestehen. Wenn Sie sich zum Beispiel mit Ihrem Gründerkollegen nicht einigen können, wie Sie Ihre gemeinsamen Mitarbeiter führen möchten, wird sich das auf die Mitarbeiter auswirken, die beispielsweise irritiert, verunsichert oder demotiviert reagieren können.

Verwenden Sie Ich-Botschaften

Ich-Botschaften beschreiben eigene Gedanken, Gefühle, Befindlichkeiten oder die Beziehung zum Gegenüber. Verwenden Sie diese Art der Formulierung anstelle von Du- oder Sie-Botschaften. Sagen Sie zum Beispiel „Ich möchte, dass Sie mich verstehen“ und nicht „Sie müssen mich verstehen“. Damit schaffen Sie Klarheit über Ihre Befindlichkeit und Ihre Beziehung zum anderen. Außerdem ermöglichen Ich-Botschaften es, sich vom Gesprächspartner abzugrenzen, ohne ihn zu verletzen. Damit vermeiden Sie, dass Diskussionen entstehen, und animieren den Konfliktpartner nicht zu Rechtfertigungen oder Schuldzuweisungen. Wenn Sie schildern, wie Sie etwas empfinden, kann Ihr Gesprächspartner Sie vielleicht für überempfindlich oder unsensibel halten, aber er kann Ihnen nicht absprechen, dass Sie in einer bestimmten Situation diese Gefühle haben.

Beispiele

Ich-Botschaften

- „Ich freue mich, dass Sie sich Zeit für unser Gespräch genommen haben.“
- „Ich freue mich über unser gutes/offenes/konstruktives Gespräch.“
- „Ich fühle mich verunsichert, wenn Sie mich unterbrechen, und verliere dann den roten Faden.“
- „Ich möchte so nicht angesprochen werden.“
- „Ich möchte lieber …“
- „Ich bin ärgerlich (oder auch wütend, traurig, erschrocken, besorgt, überrascht, zufrieden …)

Ich-Botschaften zu verwenden erfordert Übung und auch den Mut, dem anderen gegenüber die eigene Situation offenzulegen. Doch nur so kann der andere Ihr Anliegen verstehen – auch wenn er Ihre Ansicht vielleicht nicht teilt. Viele Menschen merken gar nicht, wie sie häufig negative Du-

Botschaften verwenden. Oft kippt dann das Gespräch und die positive Basis ist dahin, weil sich derjenige, an den die Du-Botschaft gerichtet war, angegriffen fühlt. Das führt dazu, dass der andere sich mehr oder weniger aggressiv verteidigt, bis das Gespräch am Ende in einer Kette aus Aggressionen und Gegenaggressionen eskaliert. Natürlich gibt es auch positive Du-Botschaften wie Komplimente, die in einem konfliktfreien Gespräch in der Regel unproblematisch sind. Anders wirken hingegen Du-Botschaften, die so formuliert sind, dass der andere sie als Angriff erlebt. Das provoziert Widerstand und Distanz. Du-Botschaften sind Annahmen von uns über die Welt, sie beinhalten Interpretationen und Unterstellungen. Das heißt, sie können zutreffen oder auch nicht.

Beispiele

Du-Botschaften

- „Sie sind schlecht informiert."
- „Sie haben mich enttäuscht."
- „Sie sind nicht engagiert bei der Sache."
- „Sie haben doch nur schlechte Laune, weil …"
- „Sie sind immer zu spät dran."

Kritisieren Sie nicht die Person

Beschreiben Sie störendes Verhalten, aber kritisieren Sie nicht die Person selbst. Sagen Sie beispielsweise nicht „Sie sind unmöglich", sondern „Ich finde es ärgerlich, dass Sie nicht pünktlich kommen und wir zu spät mit unserem Meeting beginnen."

Hören Sie aktiv zu

Zum aktiven Zuhören in einem Konfliktgespräch, das zu einer Lösung führen soll, gehört Folgendes:

- Nehmen Sie den Gesprächspartner, sein Anliegen und seine Beweggründe ernst.
- Fragen Sie nach, ob Sie den Inhalt richtig verstanden haben.
- Um sicherzugehen, wiederholen Sie noch einmal, was Ihr Konfliktpartner gesagt hat.

- Unterbrechen Sie Ihren Gesprächspartner nicht.
- Hören Sie, was gesagt wird, und nicht, was Sie erwarten. Sind Sie sicher, dass Sie die Absichten des anderen wirklich kennen? Häufig nehmen wir nur einfach an, dass der andere in böser Absicht gehandelt hat, obwohl das gar nicht stimmt.

Geben Sie nützliches Feedback

Geben Sie Ihrem Konfliktpartner verbale und nonverbale Rückmeldungen und beachten Sie dabei die Feedback-Regeln. Hierbei geht es darum, einer Person mitzuteilen, wie ihre Verhaltensweisen von anderen wahrgenommen und verstanden werden. Feedback dient dazu,

- positive Verhaltensweisen zu fördern und zu stützen,
- Verhaltensweisen zu korrigieren, die dem/der Betreffenden (und dem Team) nicht weiterhelfen, und
- die eigene Selbst- mit der Fremdwahrnehmung zu vergleichen.

Beim Feedback gibt es Regeln sowohl für die Person, die das Feedback ausspricht, als auch für diejenige Person, die es erhält. Es geht nicht darum, dem anderen zu sagen, wie er sich verhalten soll, sondern Feedback ist

- beschreibend (nicht bewertend, interpretierend, Motive suchend),
- konkret (bezogen auf eine bestimmte Situation),
- angemessen (berücksichtigt die Bedürfnisse aller Beteiligten),
- brauchbar (bezogen auf änderbare Verhaltensweisen),
- erbeten (nicht aufgezwungen) und
- erfolgt zur rechten Zeit am rechten Ort (zeitnah, richtiges Umfeld).

Wenn man Feedback bekommt, ist es wenig nützlich, sich zu rechtfertigen, warum man sich in der beschriebenen Situation so und nicht anders verhalten hat. Bewährt hat es sich vielmehr, sich das Feedback erst einmal anzuhören. Feedbacknehmer

- akzeptieren die subjektive Sicht des Gegenübers,
- fragen nach, um das Feedback zu verstehen,
- bedanken sich fürs Feedback,
- überprüfen die Gültigkeit des Feedbacks, indem sie nach ähnlichen Reaktionen suchen,

- überdenken das Feedback und entscheiden für sich, was sie in Zukunft tun werden (das Gesagte als teilweise oder ganz wertvoll oder auch als komplett uninteressant für sich ansehen). Jeder Feedbacknehmer hat die freie Wahl, was er mit der Rückmeldung machen möchte.

Verschaffen Sie sich mehr Gehör

Sorgen Sie dafür, dass Sie sich bei einem Konfliktgespräch nicht unnötig kleinmachen. Beachten Sie auch, dass Ihr Sprachverhalten dazu beiträgt, wie kompetent Sie wirken. Sie sollten Folgendes vermeiden:

- Überflüssige Entschuldigungen
  Beispiel: „Entschuldigen Sie, aber ich denke …"
- Vorgetäuschte Hilflosigkeit
  Beispiel: „Aber, na ja, also …" oder „Wissen Sie, ich glaube, vielleicht, ich bin mir nicht hundertprozentig sicher."
- Nichtssagende Füllwörter
  Beispiel: „hm", „tja", „aha", „also", „eh", „nun ja"
- Unnötige Rückfragen
  Beispiel: „Das könnte funktionieren, meinen Sie nicht auch?"
- Langatmige Bitten
  Beispiel: „Ich will Sie ja nicht stören, ich weiß ja, wie viel Sie zu tun haben, aber wäre es Ihnen recht, wenn wir den Termin morgen wahrnehmen würden?"
- Übertrieben höfliche Sprache
  Beispiel: „Dürfte ich Sie bitten, dass …"
- Unnötige Rechtfertigungen
  Beispiel: „Aber ich wollte doch nur …"

Dieser Sprachstil signalisiert Schwäche und Unsicherheit und zeugt nicht von Klarheit und Kompetenz. Grund genug, ihn im Berufsleben möglichst ganz abzulegen. Und wer sich nicht sicher ist, ob er so spricht? Der bittet am besten einen Freund oder eine Freundin, bei halboffiziellen Anlässen doch einmal darauf zu achten, wie man sich unterhält. Wenn Ihr eigener Sprachstil verbesserungsfähig ist, dann sollten Sie versuchen, ihn zu ändern – aber mit Geduld. Das funktioniert nicht von einem Tag auf den anderen, sondern verläuft als Prozess, der mit Ihrer inneren Haltung zusammenhängt und damit, ob man die eigenen Stärken spüren kann. Deshalb sollten Sie diese Herausforderung in kleinen Schritten bewältigen.

Tipp
Setzen Sie starke Formulierungen ein

Ich würde dieses Angebot annehmen.	Ich nehme dieses Angebot an.
Ich könnte ja mal versuchen, es so zu machen.	Ich schlage diesen Weg vor.
Entschuldigen Sie, aber ich meine …	Ich meine, dass …
Das könnte klappen, nicht wahr?	Ich gehe davon aus, dass es klappt.
Dürfte ich bitten, dass …	Bitte erledigen Sie das.
Aber ich dachte doch nur …	Ich dachte, dass …
Hätten Sie vielleicht gerade etwas Zeit?	Passt es Ihnen gerade?

Sprechen Sie über Gefühle

Über Gefühle zu reden ist wichtig, aber in mehrerer Hinsicht auch gefährlich. Wir laufen Gefahr, den anderen zu verletzen und die Beziehung zu zerstören. Wir wissen nicht, was wir tun sollen, wenn der andere vielleicht ebenfalls seine für uns eventuell sehr unangenehmen Gefühle offenbart. Und wir bieten Angriffsfläche, wenn der Konfliktpartner unsere Gefühle lächerlich macht oder das Wissen darüber ausnutzt, um uns zu verletzen. Dieses Risiko lässt sich nicht vermeiden. Falls Ihnen etwas Derartiges passiert, sollten Sie die Geschäftsbeziehung mit dieser Person mittel- bis langfristig durch menschlichere und professionellere Verbindungen ersetzen.

Eine ganze Generation von Forschern ist bisher davon ausgegangen, dass der Mensch im Wirtschaftsleben als „homo oeconomicus" immer nur seinen eigenen Vorteil sucht. Joachim Bauer, Neurobiologe, Psychotherapeut und Autor von „Prinzip Menschlichkeit. Warum wir von Natur aus kooperieren" (München 2008), weist jedoch darauf hin, dass kooperatives Verhalten gegenüber feindseligem Verhalten auch unter ökonomischen Gesichtspunkten überlegen ist. Als erfolgreichste Strategie zeigte sich in spieltheoretischen Experimenten das Vorgehen, zunächst zu kooperieren und dies erst zu verweigern, wenn die andere Partei nicht kooperiert, dann aber trotzdem nach kurzer Zeit ein neues Kooperationsangebot zu machen. Bauer stellt fest, dass sich über drei Viertel aller psychisch gesunden Menschen tatsächlich in erster Linie kooperativ verhalten, wenn sie in experimentellen Tests zwischen Kooperation und egoistischem Verhalten wählen können. Das wurde innerhalb des erst in den letzten Jahren neuentstandenen Wissenschaftszweigs der „Neuroökonomie" nachgewiesen.

Generell gilt: Teilen Sie dem anderen Ihre Gefühle mit, aber lassen Sie sich nicht davon überwältigen. Etwas persönlich zu nehmen bedeutet auch nicht, die Sachebene völlig außen vor zu lassen. Vielleicht hilft es Ihnen, Ihre Formulierungen mit „Ich fühle ..." zu beginnen. Machen Sie sich klar, dass es nicht darum geht, mit Ihren Kunden oder Mitarbeitern ausführlichen Psycho-Talk zu halten, sondern darum, dem anderen zu verdeutlichen, warum etwas ein Problem für Sie ist. Und er wird Sie in der Regel nicht verstehen können, ohne auch Ihre Gefühle zu kennen.

Gut zu wissen

Empathie und Schmerz

Interessant sind in diesem Zusammenhang die neuronalen Grundlagen des Sozialverhaltens, die erst seit einigen Jahren erforscht werden. Bei neuropsychologischen Experimenten zu Empathie und Fairness haben Forscher herausgefunden, dass der eigene Schmerz dieselben Netzwerke im Gehirn aktivierte wie der nur mitgefühlte Schmerz einer anderen Person. Das könnte eine mögliche Erklärung für Empathie, für das Mitempfinden sein. Andererseits zeigten Tests, bei denen es um die soziale Ausgrenzung von Personen ging, dass dadurch dieselbe Hirnregion wie bei körperlichen Schmerzen aktiviert wird. Und bei unfairem Verhalten reagiert dieselbe Hirnregion wie bei Ekel.

Pflegen Sie einen Austausch auf Augenhöhe

Hilfreich ist es, wenn Sie für Ihre Konfliktgespräche das Wissen aus der Transaktionsanalyse nutzen. Diese psychologische Richtung unterscheidet modellhaft Eltern-Ich, Erwachsenen-Ich und Kindheits-Ich. Ich habe in meinen Workshops folgende Erfahrung gemacht: Die Teilnehmer führen Konfliktgespräche mit einem Sparringspartner fast nie auf Augenhöhe. Oft macht sich derjenige, der einen Konflikt hat, unterwürfig klein und traut sich fast nicht, seine berechtigte Forderung überhaupt zu formulieren. Das hat zum einen zur Folge, dass der Konfliktpartner häufig Schwierigkeiten hat, das Anliegen inhaltlich zu verstehen. Zum anderen wird es dem Gegenüber aber auch sehr leicht gemacht, die Forderungen überhaupt nicht ernst zu nehmen, eine Pseudo-Lösung zu präsentieren und die ganze Sache so vom Tisch zu wischen. Auch das genaue Gegenteil zeigt sich interessanterweise in vielen Fällen. Der Konfliktpartner hat sich endlich durchgerungen, sein Anliegen anzusprechen, und überfällt – auf dem hohen moralischen Ross sitzend – den Gesprächspartner mit Vorwürfen und Angriffen. Dieser wehrt sich natürlich nach Kräften. Die Folge: Das Gespräch eskaliert, eine Lösung des Konflikts rückt in weite Ferne.

Im ersten Fall agiert die betreffende Person mit ihrem Anliegen aus der Position eines angepassten Kindes heraus, das sich Autoritäten unterordnet. Der Gesprächspartner nimmt dann automatisch die Position des Eltern-Ichs als moralische Instanz ein und sagt dem „Kind", wo es langgeht. Im zweiten Fall agiert der Mensch mit dem Anliegen aus der moralischen Eltern-Ich-Position, und der Gesprächspartner rutscht in die Rolle eines rebellischen Kindes, das sich gegen diese moralische Position des „Elternteils" wehrt.

Tipp
Beobachten Sie sich selbst

Beobachten Sie, wie Sie sich bei Gesprächen in schwierigen Situationen verhalten. Fragen Sie sich ehrlich, ob Sie eher dazu neigen, die Kind- oder die Eltern-Position einzunehmen. Wenn Sie das nicht selbst herausfinden können, es aber neutrale Personen als Zuhörer gibt, denen Sie vertrauen können, bitten Sie diese um Feedback.

Konfliktlösung unter Erwachsenen

Eine Lösung des Konflikts ist nur von Erwachsenen-Ich zu Erwachsenen-Ich möglich. Tun Sie also alles, um das Gespräch von dieser Warte aus zu führen. Nur so schaffen Sie es, gemeinsam mit dem Gegenüber den Blick auf das Thema des Konflikts zu richten und nach einer Lösung zu suchen, anstatt sich beiderseitig als Gegner zu betrachten. Immer wenn Sie merken, dass Sie im Gespräch in eine andere Position als die des Erwachsenen rutschen, korrigieren Sie sich und sagen Sie beispielsweise freundlich und verbindlich: „So moralisch habe ich das gar nicht gemeint, mir geht es um folgenden Punkt …". Oder wenn Sie mit Ähs und Abschwächungen Ihr Anliegen kleinreden, sprechen Sie Ihre sachlichen Forderungen deutlicher aus: „Meine Vorstellung ist, dass …", ohne sich zu rechtfertigen.

Wertschätzung

Den anderen tatsächlich wertzuschätzen – das hat eine zentrale Bedeutung, wenn es darum geht, mit dem Konfliktpartner auf Augenhöhe umzugehen. Doch das ist den wenigsten bewusst, wenn sie sich in die Situation und in die negativen Gefühle dem anderen gegenüber verstrickt fühlen. Sie haben sich bereits über ihn geärgert, von Wertschätzung ist kaum noch eine Spur zu finden. Diese Haltung spürt Ihr Gesprächspartner, er wird wenig bereit sein, mit jemandem, der ihm nicht ausreichend Achtung, Beachtung und Wertschätzung entgegenbringt, einen Konflikt lösen zu wollen. Nur wer sich ernstgenommen und respektiert fühlt, wird auch bereit sein, Schwierigkeiten gemeinsam aus dem Weg zu räumen. Ihnen würde es umgekehrt doch bestimmt genauso gehen, oder?

Suchen Sie gemeinsam nach Lösungen

Wenn auch Ihr Bedürfnis riesig sein mag, endlich einmal alles, was schon lange problematisch ist, auf den Tisch zu bringen; das Wesentliche eines Konfliktgesprächs liegt darin, die Situation für die Zukunft zu verbessern. Damit Sie es schaffen, auf dieser Linie zu bleiben, beachten Sie die folgenden Empfehlungen zu diesem Gesprächsziel.

Bestimmen Sie die gemeinsame Basis

Werden Sie sich über die gemeinsame Basis klar, die Sie und Ihr Konfliktpartner haben. Meist ist sie weitaus größer als auf den ersten Blick erkennbar. Auch wenn Sie den Eindruck haben, dass Sie sich über einen ganz wichtigen Punkt uneinig sind, so ist es doch oft eine Frage der Gewichtung. In vielen Fällen besteht über rund 95 Prozent der Dinge Einigkeit, der Streitpunkt betrifft nur die übrigen fünf Prozent. Führen Sie sich die Gemeinsamkeiten vor Augen, dann wird es Ihnen leichter fallen, für diese fünf Prozent eine Lösung zu finden.

Verhindern Sie eine Eskalation

Vermeiden Sie jedes Verhalten, das den Konflikt verschärfen könnte. Werden Sie zum Beispiel nicht selbst verletzend, nur weil Sie sich verletzt fühlen. Wenn Sie den Konfliktpartner angreifen, wird dieser sich wehren, sich verteidigen und Sie ebenfalls angreifen. Warum sollten Sie in Ordnung sein, wenn Sie ihm signalisieren, dass er es nicht ist? So gerät nur das gemeinsame Thema, der Konflikt, um den es geht, aus dem Blick. Stattdessen entsteht eine Spirale der Aggression.

Die Voraussetzung dafür, dass ein Konfliktgespräch erfolgreich verläuft, ist ein Perspektivenwechsel. Dabei geht es darum, dass nicht das jeweilige Gegenüber im Zentrum der Aufmerksamkeit steht, sondern die Beteiligten sollten auf das gemeinsame Thema blicken. So gelingt es ihnen, dass sie sich, ohne sich gegenseitig anzugreifen, über eine Lösung austauschen. Es ist ganz wichtig, sich bewusst zu sein, dass die Aggressionsspirale eine starke Eigendynamik entwickelt, die meist zum Abbruch des Konfliktgesprächs führt, sodass sich die Gräben zwischen den Konfliktpartnern noch vertiefen.

Betrachten Sie die Situation mit Humor

Humor schafft Distanz und hebt Spannungen auf. Wenn Sie gemeinsam mit Ihrem Konfliktpartner auch mal über die ganze Angelegenheit lachen können, lösen Sie sich aus der emotionalen Verstrickung. So wird es leichter, eine Lösung zu finden. Es kann sehr entlastend sein, eine schwierige Situation zuweilen mit Humor zu nehmen. Ein anderer Weg, um etwas Abstand zum Geschehen zu bekommen: Überlegen Sie sich, was Sie tun könnten, um die Situation sogar noch zu verschärfen. Übertreiben Sie dabei ruhig, sodass Ihre Ideen vielleicht sogar absurd erscheinen. Beispiele dafür sind:

- Bei der Besprechung den Kaffee Ihres Gesprächspartners in den Ausguss kippen
- 30 Minuten ununterbrochen herumschreien
- Einen Indianertanz aufführen

Ihnen fallen sicher noch weitere Möglichkeiten ein. Fragen Sie sich selbst, was tatsächlich komisch an der Situation ist und worüber Sie wirklich lachen können.

Lassen Sie die Vergangenheit ruhen

Reiten Sie nicht auf dem Verhalten Ihres Konfliktpartners in der Vergangenheit herum – daran lässt sich nichts mehr ändern. Suchen Sie stattdessen eine Lösung für die aktuelle Situation. Achtung: Wenn Sie vom Typ her ein Konfliktvermeider sind und bisher bei Auseinandersetzungen eher die Tendenz zur Flucht hatten; wenn Sie schon zu viel zu lange geschluckt haben und nun endlich alles auf den Tisch packen wollen: Tun Sie es nicht! Hüten Sie sich vor solchen Überreaktionen. Keine „Rabattmarken zu sammeln“ ist deshalb ein Prinzip der Transaktionsanalyse. Es bedeutet, dass man ungute Gefühle nicht „ansparen“ sollte. Machen Sie es sich lieber nach und nach zur Gewohnheit, Konflikte im Frühstadium anzugehen, also schon bevor sich immer mehr Ärger und Verdruss in Ihnen aufstaut.

Fragen Sie nach den Beiträgen

Die Konfliktexperten Stone, Patton und Heen empfehlen, statt nach „Schuld“ lieber nach dem „Beitrag“ zu fragen. Sie raten dazu, dass sich die Konfliktparteien gemeinsam folgende Fragen stellen:

- Was haben wir beide zur derzeitigen Situation beigetragen?
- Wie kommen wir da wieder heraus?

Treffen Sie Vereinbarungen für die Zukunft

Treffen Sie eine verbindliche Absprache, was in Zukunft gelten soll. Achten Sie darauf, dass Sie eine tragfähige Regelung finden. Wenn es unvermeidbar ist, aber wirklich nur dann, stellen Sie ein Ultimatum. Seien Sie während des Gesprächs ehrlich mit sich selbst und hinterfragen Sie, ob die gefundene Lösung tatsächlich eine Lösung ist. Viele Menschen neigen dazu, sich mit dem Konfliktpartner auf eine Art Pseudo-Lösung zu verständigen, nur um das unangenehme Gespräch beenden zu können. Das führt jedoch zu nichts, weil der Konflikt dann nach kurzer Zeit wieder auf der Tagesordnung steht. Wenn Sie Schwierigkeiten haben, sich sofort zu entscheiden, bitten Sie um Aufschub und sagen den Zaubersatz: „Ich werde es mir überlegen. Können wir das bitte am nächsten Donnerstag weiter besprechen?"

Nehmen Sie die Regelung an

Eine Konfliktlösung ist nur gelungen, wenn die beteiligten Konfliktpartner auch innerlich „Ja" zu ihr sagen. Wenn Sie sicher sind, eine gute Lösung gefunden zu haben, schließen Sie die Sache gleich ab. Grübeln Sie nicht weiter darüber nach, ob es nicht doch eine bessere Lösung gegeben hätte.

Wenn sich Konflikte nicht lösen lassen

Natürlich beschäftigt man sich mit Konflikten, weil man sie lösen möchte. Und in vielen Fällen gelingt das auch. Doch nicht immer ist eine Einigung zwischen den Konfliktparteien möglich.

Warum keine Lösung auch eine Lösung ist

Bevor Sie ein Konfliktgespräch führen, wissen Sie nicht, was dabei herauskommen wird – und das ist auch gut so. Denn nur mit einer offenen Haltung hat es Sinn, gemeinsam über das Problem nachzudenken und nach einer Lösung zu suchen. Sie wissen aber weder, wie diese Lösung aussehen wird, noch haben Sie eine Garantie dafür, dass sich die Situation überhaupt klären lässt. Es ist möglich, dass sich im Gespräch herausstellt, dass die unterschiedlichen Auffassungen in der Sache so weit auseinandergehen, dass kein Kompromiss möglich ist und schlussendlich herauskommt, nicht mehr zusammenzuarbeiten.

Selbst wenn ein Gespräch diese auf den ersten Blick sehr negative Wendung nimmt, hat das den Vorteil, dass es Klarheit schafft. Denn wie sinnvoll ist es zusammenzuarbeiten, wenn über grundlegende Dinge keine Einigkeit besteht? Oft ist so gesehen keine Lösung auch eine gute Lösung, weil die Dinge zum Abschluss gebracht werden. Damit ist die Möglichkeit zur Um- oder Neuorientierung gegeben, und frische Energie wird frei, um neue Kunden zu gewinnen.

Die 50/50-Regel

Auch wenn Sie ein sehr verantwortungsbewusster Mensch sind – die Lösung eines Konflikts liegt nicht allein in Ihrer Hand. Genauso wie an einem Konflikt immer mindestens zwei Parteien beteiligt sind, müssen auch beim Konfliktlösen zwei mitmachen. Es gilt die 50/50-Regel: Die eine Hälfte der Energie und der Bereitschaft, den Konflikt lösen zu wollen, haben Sie aufzubringen, aber die andere Hälfte muss Ihr Konfliktpartner beisteuern. Wenn der nicht fähig oder willens ist, über seinen eigenen Tellerrand zu schauen, oder mit Ihnen nichts mehr zu tun haben will, können Sie nichts machen. Sie können sich dann nur sagen, dass Sie es zumindest versucht haben.

Konfliktbewältigung

In seinem Buch „Konflikttraining“ (Frankfurt am Main, 9. Auflage, 2008) spricht der Konfliktforscher Karl Berkel statt von Konfliktlösung lieber von Konfliktbewältigung: „Manche Konflikte – gerade die tiefgehenden und zentralen – sind nicht lösbar, aber Menschen können lernen, mit ihnen zu leben. Sie haben nicht bloß den Konflikt im Griff, sondern sich selbst.“ Erfolg im beruflichen Umfeld kann also nicht darin bestehen, sämtliche Konflikte zu lösen, sondern darin, dass Sie es schaffen, mit den Konflikten klarzukommen. In vielen Fällen kann das tatsächlich dazu führen, dass Sie versuchen, mit anderen eine Lösung herbeizuführen. Aber das wird nicht immer möglich und auch nicht immer sinnvoll sein. In solchen Fällen bleibt Ihnen nur, mit dem Konflikt so gut es geht im Berufsalltag umzugehen.

7. Zum Umgang mit Konflikten in Gründerteams

Die Mitglieder eines Gründerteams verbindet zwar die gemeinsame Sache, aber sie sind nicht unbedingt derselben Auffassung, was den richtigen Weg zum Erfolg betrifft. Sie müssen erst zusammenwachsen, was nicht immer einfach ist. Und wenn es super läuft und sich das Unternehmen vergrößert, sind Hierarchien nötig – ein Prozess, der oft zu Reibereien führt. Wie Sie dies vermeiden oder damit umgehen, lesen Sie in diesem Kapitel.

Was ist sinnvoller: alleine gründen oder im Team? Beide Varianten haben Vor- und Nachteile, eine Patentlösung gibt es nicht. Wenn sich Gründer in einem Team zusammenfinden, ist den Beteiligten allerdings oft nicht klar, dass es zwischen ihnen zu Konflikten kommen kann – und zwar sowohl auf der Sach- als auch auf der Beziehungsebene. Dieser Aspekt wird gern ausgeblendet, schließlich wollen ja alle an den Erfolg der gemeinsamen Sache glauben.

Die Wissenschaftlerinnen Laurie R. Weingart und Gergana Todorova sowie Matthew A. Cronin haben in einem Laborversuch 21 Teams untersucht, die neue Produkte entwickeln sollten (Representational Gaps, Team Integration and Team Creativity. The Mediating Roles of Conflict and Coordination, Tepper Working Paper Nr. 2008-E11, 2008). Ihr Fazit: Je mehr sich die Teammitglieder der Unterschiede bewusst sind und auch der Konflikte, die daraus entstehen können, desto mehr strengen sie sich an, dass es gar nicht erst dazu kommt. Teams, die so eingestellt sind, bringen bessere Lösungen zustande. Sind die Beteiligten davon überzeugt, es gäbe keine unterschiedlichen Ansichten und kein unterschiedliches Verständnis, ist das Team dagegen nicht so produktiv. Die Beteiligten suchen schon nach Lösungen, bevor ihnen richtig klar ist, wo die Konfliktpunkte überhaupt liegen. Erst später merken sie, dass sie nicht richtig vorankommen, weil ihnen die gemeinsame Basis fehlt.

So umgehen Sie typische Fallen bei der Teamgründung

Was bringt Menschen überhaupt dazu, sich zusammenzuschließen und eine gemeinsame Firma zu gründen? Zum Beispiel die Tatsache, dass die angestrebten Aufträge zu groß sind, um sie allein bewältigen zu können. Oder dass man die Möglichkeit hat, mit einem konkreten Auftrag zu starten, bei dem ein Partner vom Auftraggeber gewünscht wird und der andere das notwendige Know-how hat.

Auch im folgenden Fall hat der Blick auf das gemeinsame Ziel verhindert zu erkennen, wo sich die Interessen der Gründungsmitglieder unterscheiden. Die Zusammenarbeit gestaltete sich immer unerfreulicher, bis sie konsequenterweise beendet wurde, weil das Ziel „gemeinsame Firma“ nicht mehr existierte. Achten Sie bei einer Gründung mit mehreren Beteiligten daher darauf, dass Sie den Blick nicht ausschließlich auf das Ziel richten, sondern auch darauf, welche persönlichen und geschäftlichen Faktoren die Zusammenarbeit positiv oder negativ beeinflussen können.

Im Gespräch

Karl-Heinz Leduck betreibt seit drei Jahren ein Consultingunternehmen für Technologieinformationen. Davor arbeitete er fünf Jahre lang gemeinsam mit drei Geschäftspartnern in einer GmbH für Informationsbroking und Innovationsberatung, bei der er als Geschäftsführer angestellt war. Diese Zusammenarbeit lief schief, es vergingen dennoch Jahre, bis sich die Beteiligten trennten.

Was war das Problem?
Wir vereinbarten, dass ich aus meiner vorhergehenden selbständigen Tätigkeit als Infobroker einen Umsatz von circa 75.000 Euro einbringe, und einer der Mitgründer versprach, doppelt so viel, nämlich 150.000 Euro Umsatz einzubringen. Er besaß eine Kanzlei, und Recherchen, die bisher von Kanzleimitarbeitern erledigt wurden, sollte nun unsere gemeinsame GmbH übernehmen. Doch als die GmbH dann startete, hielt er seine Zusage nicht ein. So liefen zum Beispiel weiter Recherchen über seine Kanzlei, und er steuerte nur ein Drittel des ursprünglich geplanten Umsatzes bei. Gleichzeitig beschwerte er sich bei mir, dass unser Geschäftsergebnis zu schlecht sei.

Haben Sie ihn darauf angesprochen, dass er seine Zusagen nicht einhält?
Ja, natürlich, aber er stritt einfach alles ab. Das habe er nie so versprochen, das sei nur seine langfristige Zielvorstellung gewesen. Ein anderer Gesellschafter war zwar bei dem Gespräch anwesend und bestätigte, dass er das so gesagt hätte. Aber das nützte mir nichts, denn ich hatte nichts schriftlich. Dabei wäre das ganz einfach gewesen, denn vor der Gründung waren wir ja alle noch „in gutem Einvernehmen", wie man so schön sagt. Ein Kurzprotokoll mit fünf Sätzen, die aufzählen, was jeder einbringen will, hätte genügt. Es war leichtsinnig von mir, das nicht zu machen.

Nach welcher Zeit traten die Probleme zutage?
Etwa nach zweieinhalb Jahren war klar, dass unsere Zusammenarbeit scheitern würde. Die richtige Auflösung begann dann, als es nach vier Jahren bei einer Gesellschafterversammlung um die Fortführung meines Geschäftsführervertrags ging und der Hauptmitgründer sagte, dass er die GmbH auflösen wolle.

Ging es tatsächlich nur um das Problem, dass Sie die Umsatzzusage nicht schriftlich festgehalten hatten?
Nein, die Voraussetzungen stimmten einfach nicht, die Interessen waren zu unterschiedlich. Das ist mir im Nachhinein klargeworden. Insofern wäre es sowieso zur Trennung gekommen, aber die wäre dann sicher einfacher gewesen.

Wie hat sich die Auflösung der GmbH vollzogen?
Ich hatte das Glück, dass mein Mitgründer selbst die GmbH auflösen wollte. Ich habe den drei Mitgründern ihre Anteile abgekauft. Die ganze Angelegenheit lief sehr fair ab. Und so hatte sich für mich die Chance ergeben, mit dem Netzwerk der GmbH weiterzuarbeiten.

Wäre es sinnvoll gewesen, dass Sie sich in der Gründungsphase zu viert gemeinsam mit einem Moderator oder einer Moderatorin über die unterschiedlichen Interessen und Perspektiven verständigt hätten?
Ja, auf jeden Fall. Dann hätten wir eine viel bessere Basis gehabt, Probleme zu besprechen.

Was hat sich bei Ihnen durch diese Konfliktsituation geändert?
Ich habe gelernt, einwandfrei für mich selbst zu definieren, was ich will – und das dann auch meinen Kooperationspartnern zu vermitteln. Und zu sehen, ob sich das mit deren Perspektiven deckt. Außerdem mache ich viel mehr schriftlich – sowohl richtige Verträge als auch formlose Bestätigungen per E-Mail.

Tut Ihnen die Geschichte leid?
Was heißt leidtun? Ich arbeite heute mit meinen Kontakten auf einer ganz anderen Basis. Es hätte mich schlimmer treffen können, und für den Erfolg muss man auch Hürden überwinden können.

Wie Teams erfolgreich zusammenarbeiten

Wenn Menschen ein Team gründen, so folgt ihre Zusammenarbeit immer einem gewissen Ablauf. Die Teammitglieder arbeiten anfangs anders zusammen als nach längerer Zeit, nach der sie Routine entwickelt haben. Das gilt auch, wenn sich Gründer zusammenschließen. Um Konflikte in einem solchen Team einordnen zu können, hilft es, sich die Bildung von Gruppen als ein Modell vorzustellen. Sozialpsychologen haben festgestellt, dass Gruppen in der Regel verschiedene Entwicklungsstadien durchlaufen. Der

Sozialwissenschaftler Bruce Wayne Tuckman hat für diesen Vorgang fünf Stufen angenommen.

1. Forming

Die Gruppe bildet sich. Unter Umständen kennen sich die Mitglieder noch nicht oder kaum. Noch gibt es keine bestimmten Rollen und keine festgelegten Funktions- und Führungsstrukturen. Es werden mehrdeutige Handlungen durchgeführt und solche, mit denen ausprobiert wird, was akzeptiert wird. Das Verhalten ist unkoordiniert; Regelungen, Pläne und Aufgabenverteilungen werden zunächst provisorisch gestaltet. Man tastet sich aneinander heran oder hält erst einmal Abstand.

2. Storming

In dieser Phase kommt es zu Machtrangeleien und Profilierungskämpfen. Pläne und Kompetenzen werden infrage gestellt, es gibt Meinungsverschiedenheiten. Die Kämpfe drehen sich um Status, Kompetenzen, Rollen. Es gibt Polarisierungen und wechselnde Allianzen. Das Klima wird als emotional und explosiv empfunden.

3. Norming

Nun kommt es zur Integration. Gemeinsamkeiten und Sympathien treten in den Vordergrund, Konflikte werden beigelegt. Statt es auf Widerstand und Konfrontation anzulegen, sind die Gruppenmitglieder jetzt zur Unterstützung bereit und kooperieren. Es werden Gruppennormen und Spielregeln erarbeitet, die für alle gelten.

4. Performing

Jetzt widmet sich die Gruppe ihrer eigentlichen Aufgabe und arbeitet konstruktiv und zielorientiert. Die Spannungen sind weitestgehend gelöst, Rollen ausdifferenziert und Aufgaben verteilt. Eine Gruppenstruktur hat sich etabliert, die Gruppe ist eine funktionsfähige soziale Einheit. Konflikte werden kooperativ behandelt.

5. Adjourning

Nach diesen vier Phasen kommt es entweder zu einer Phase der Normalität, in der die Gruppe stabil zusammenarbeitet, oder es kommt zur Trennung, weil die Aufgabe erledigt ist oder das zeitliche Limit erreicht ist.

Wichtig zu wissen: Gruppen können diese Phasen auch mehrfach durchleben. Wenn im Rahmen der Gruppenbildung Konflikte auftauchen, machen Sie sich bewusst, dass das ein ganz normaler Vorgang ist. Am heftigsten sind die Konflikte in der Regel beim Storming. Verzweifeln Sie aber nicht, wenn Sie sich mit der Gruppe oder Ihrem Gründungspartner gerade in dieser Phase befinden: Auch dieses Stadium wird vorübergehen. Lassen Sie vor allem während dieser Phase auf jeden Fall unterschiedliche Ansichten und Sichtweisen zu. Setzen Sie sich mit Ihren Teammitgliedern auseinander, bis Sie sich eine gemeinsame Basis erarbeitet und eine Lösung gefunden haben.

Machen Sie sich klar: Das kann eine ganze Weile dauern und viel Kraft kosten. Investieren Sie dennoch die dazu erforderliche Zeit und Energie, denn wenn dem Storming nicht genügend Raum gegeben wird, wird das Zusammenfinden wahrscheinlich später nachgeholt. Das kann sehr kontraproduktiv sein, weil es dann das vernünftige Arbeiten, das „Performing" der Gruppe, erheblich stört.

Im Gespräch

Bereits während ihres Studiums hat ***Carla Hüttner****[*] im Unternehmen ihres späteren Mannes gearbeitet. Seit 2008 haben sie nun eine gemeinsame Firma, einen Groß- und Einzelhandel für Geschenkartikel wie hochwertige Wohnaccessoires und Spiele. Beide sind Geschäftsführer, der Ehemann besitzt jedoch mehr Geschäftsanteile. Zwischen dem Ehepaar kommt es immer wieder zum Streit, weil jeder von beiden einen anderen Umgang mit den gemeinsamen Mitarbeitern pflegt. Von außen betrachtet sieht es so aus, als ob sich beide mit der gemeinsamen Firma noch in der Storming-Phase befinden. Hier ein Auszug aus einem Interview dazu – mit einigen Fragen, wie sie auch bei einem Coaching gestellt worden sein könnten.

Was kritisiert denn Ihr Mann an Ihrer Art, mit den Mitarbeitern zu reden?
Mein Mann bemängelt, dass ich viel zu sanft mit unseren Angestellten spreche und dass sie mir auf der Nase herumtanzen. Dabei gehe ich nur auf die Fähig-

[*] Name geändert

keiten der Mitarbeiter ein. Nicht jeder kann eben alles gleich gut. Ich bin nicht der Meinung, dass ich keine klaren Vorstellungen äußere, ich teile sie nur in einem anderen Ton mit. Und ich dränge niemanden an die Wand, sondern gebe jedem die Chance zu einer Stellungnahme.

Wie sieht der Führungsstil Ihres Mannes aus?
Um es positiv zu sagen: Er ist sehr direkt und klar in seinen Ansagen. Aus meiner Sicht ist er allerdings oft ziemlich laut und auch verletzend mit Äußerungen wie „Ist das denn wirklich so schwer zu verstehen? Das kann doch nicht wahr sein".

Wie oft streiten Sie sich über dieses Thema?
Das kommt täglich vor, es sind ständige Kämpfe. Oft schaffen wir es, die Kurve zu bekommen. Dann sagen wir uns, dass es gerade gut ist, dass wir beide unterschiedlich sind. Aber das Ganze hat einen hohen Preis und kostet sehr viel Nerven.

Wie kommen denn die Mitarbeiter mit den unterschiedlichen Führungsstilen klar?
Einige sind verschreckt, wenn mein Mann sie anfährt. Und es ist für alle schwierig, dass es keine einheitliche Linie gibt.

Haben Sie schon versucht, die Zuständigkeiten deutlicher zu trennen, sodass klar ist, wer welchen Mitarbeitern etwas zu sagen hat und das dann auf seine Art und Weise tun kann?
Ja, das habe ich schon oft vorgeschlagen. Doch wenn mein Mann unterwegs ist, soll ich ihn gegenüber den Mitarbeitern vertreten. Und weil die Firma klein ist, können die Arbeitsbereiche nicht klar getrennt werden, es gibt fast täglich Überschneidungen. Natürlich auch und gerade im Bereich der Personalführung.

Könnte es sein, dass Ihr Mann seine Firma, vielleicht mehr als ihm selbst bewusst ist, sehr stark als sein eigenes Baby ansieht und er deshalb die Verantwortung doch nicht wirklich teilen will?
Ja, das kann sein, und ich bin auch bereit, das zu akzeptieren. Dann müssten wir aber eine andere Firmenkonstruktion finden, bei der ich ganz klar meinen eigenen Bereich, zum Beispiel eine eigene Unterfirma, habe.

Es ist ja nicht leicht, wenn man als Paar auch noch zusammen arbeitet. Wie wirken sich denn diese starken Konflikte auf Ihre Beziehung aus?
Mein Mann sagt, er könne Berufliches und Privates trennen, aber ich weiß nicht, ob das für ihn wirklich stimmt. Für mich ist es auf jeden Fall so, dass der berufliche Konflikt sich auch negativ und belastend auf unser Privatleben auswirkt.

Haben Sie schon einmal überlegt, sich von einer neutralen Person beraten zu lassen?
Ja, ich habe meinen Mann bereits gefragt, ob wir nicht gemeinsam ein Teamcoaching machen wollen. Aber er hielt das nicht für nötig und hatte wohl auch Bedenken, weil ich schon einen bestimmten Berater vorgeschlagen hatte. Vielleicht hat er befürchtet, dass mein Favorit dann parteiisch ist. Jetzt werde ich noch einmal auf ihn zugehen und fragen, ob wir gemeinsam ein Coaching machen. Ich werde ihm sagen, dass mir die Suche nach einer Lösung sehr wichtig ist und er gern selbst einen Berater benennen kann.

Was Sie bei einer Kooperation beachten sollten

Vieles würde doch zu zweit viel besser gehen – das denkt sich so mancher gerade am Anfang der Selbständigkeit häufiger. Und es stimmt ja auch. Nur wenn man dann eine konkrete Idee für eine Zusammenarbeit hat, ist es sehr wichtig zu prüfen, ob die ausgewählte Person tatsächlich für eine Kooperation geeignet ist und ob man überhaupt einen Partner braucht.

Im Gespräch

*Marion Waldmann** machte sich mit Mitte 40 als Trainerin selbständig. Sie war gerade geschieden. Nun musste sie den Lebensunterhalt für sich und ihre Kinder verdienen, und außerdem wollte sie sich endlich mit dem ausprobieren, was sie schon lange vorhatte: andere Menschen zu beruflichen Themen beraten. Ihren Kunden wollte sie auch Mediation anbieten, eine Art der Konfliktlösung, bei der der Mediator oder die Mediatorin als neutraler Konfliktschlichter mit beiden Parteien gemeinsam Gespräche führt. Dafür gründete Marion Waldmann gemeinsam mit einer Anwältin eine GbR.

Warum haben Sie sich mit einer Anwältin zusammengetan?
Ich dachte, dass meine Kunden auch Probleme mit Verträgen haben und dass es dann gut wäre, wenn ich beziehungsweise wir sie als Team in dieser Hinsicht ebenfalls beraten können.

* Name geändert

Waren Sie beide gleichberechtigt?
Ja, das waren wir, und das haben wir auch in einer schriftlichen Vereinbarung festgehalten.

Wie war Ihr gemeinsamer Start?
Sehr gut, wir gründeten eine GbR – mit eigenem Namen, Logo, Schild an der Anwaltskanzlei sowie Informationsmaterial. Wir haben viel Werbung gemacht und auch eine sehr erfolgreiche Pressearbeit. Die Zeitung vor Ort und ein Fernsehsender berichteten über uns, und wir hatten sofort Klienten.

Wie liefen die gemeinsamen Gespräche mit den Klienten?
Anfangs bemerkte ich die Unterschiede zwischen uns noch nicht so deutlich. Doch nach einer Weile wurde mir klar, dass ich einen anderen Anspruch an Professionalität hatte als die Anwältin. Einmal beendete sie ein Gespräch mit unseren Klienten ganz abrupt: „So, wir müssen jetzt Schluss machen, ich muss zum Fitnesstraining." Das fand ich unmöglich. Ein anderes Mal forderte sie forsch von einem Paar, das an Scheidung dachte und zum ersten Gespräch kam, dass sie erst einmal bestimmte finanzielle Unterlagen mitbringen sollten. Dabei ging es aus meiner Sicht darum, erst einmal Vertrauen aufzubauen und die Klienten nicht gleich zu zwingen, alles offenzulegen. Ich befürchtete, dass die Klienten dieses Verhalten genauso unprofessionell empfinden würden wie ich und dass ich meinen guten Ruf riskierte, den ich mir doch gerade erst aufbaute.

Hatte sich die Anwältin ebenfalls in Mediationstechniken weitergebildet?
Nein, und ich merkte dann auch zunehmend, dass sie aus ihrer anwaltlichen Schiene und Sichtweise nicht herauskam. Ich war einfach ganz naiv davon ausgegangen, dass sie denselben Anspruch an eine professionelle Mediation hat wie ich. Doch dann wurde mir im Lauf der Zeit immer klarer, dass das nicht der Fall war.

Wie haben Sie darauf reagiert?
Wir sind ein halbes Jahr als Team aufgetreten, danach habe ich der Anwältin mitgeteilt, dass ich auf diese Art nicht mehr arbeiten möchte. Daraufhin hat sie mir einfach nur geschrieben, dass sie ein Jahr Auszeit nimmt und ins Ausland geht. Das war alles.

Was heißt „Das war alles"? Hatten Sie denn danach keinen Kontakt mehr?
Nein, überhaupt nicht. Es gab kein Abschlussgespräch. Sie war dann weg, und auf meine E-Mails reagierte sie nicht mehr. Das war für mich sehr schwierig, denn

so konnte ich die ganze Sache schlecht für mich zu einem Ende bringen und damit abschließen.

Gab es rückblickend schon am Anfang Irritationen, die Sie vielleicht nur nicht entsprechend wahrgenommen hatten?
Ja, im Nachhinein wurde mir klar, dass ich bereits in unserer halbjährigen Vorbereitungszeit viel mehr investiert hatte. Damals hatte ich das darauf geschoben, dass ich als Trainerin ganz anders zu Akquise-Tätigkeiten gezwungen und darin auch geübter war als sie. Heute frage ich mich, ob sie nicht an einem völlig anderen Punkt im Leben stand. Für mich war die Kooperation ein Baustein beim Aufbau meiner freiberuflichen Tätigkeit, für sie vielleicht eher ein weiterer Schritt, sich aus ihrer Anwaltspraxis zu entfernen. Die Kanzlei löste sie später ganz auf. Wir hatten anscheinend völlig unterschiedliche Motivationen und Ansprüche. Ich wollte mit der Kooperation einen entscheidenden beruflichen Schritt vorankommen, für sie war es vielleicht eher eine Spielwiese.

Was ist Ihr Fazit aus dieser Geschichte?
Partner bringen oft eher Erschwernis als Erleichterung. Man sollte sich genau überlegen, warum man meint, einen Kooperationspartner zu brauchen. Vielleicht lässt sich dessen Funktion auch anders erfüllen. Für manche Existenzgründer ist der Grund zusammenzugehen nicht die Ergänzung der eigenen Kompetenz, sondern mangelndes Selbstvertrauen. In diesem Fall wäre ein Coaching oder Mentoring sicher die bessere Lösung, um sich Stärkung zu holen. Auch eine intensivere Netzwerk-Arbeit kann helfen, denn so weiß man, dass immer jemand da ist, den man bei schwierigen Themen fragen kann.

Haben Sie sich später noch einmal einen Anwalt oder eine Anwältin für eine Zusammenarbeit gesucht?
Ich habe einen Anwalt in meinem beruflichen Netzwerk, den habe ich gefragt, ob ich ihn punktuell dazuholen kann. Interessanterweise war das aber nie nötig. Ich habe – vielleicht aus Unsicherheit – den Aspekt, dass die Klienten bei einer Mediation auch juristische Beratung zu Verträgen brauchen, völlig überschätzt.

Was würden Sie heute anders machen?
Heute würde ich vorab genauer besprechen, wo jeder steht und was jeder mit der Kooperation erreichen möchte.

Sie sehen, dass der Zusammenschluss mit einem anderen Selbständigen auch durchaus nicht funktionieren kann. Um vorzubeugen, dass Ihnen so etwas passiert, sollten Sie die folgenden Punkte beachten, wenn Sie eine Kooperation planen:

- Werden Sie sich über die gemeinsame Basis klar und gehen Sie nicht selbstverständlich davon aus, dass der andere genauso tickt wie Sie selbst. Das bedeutet, dass Sie alles, was Ihnen für die Zusammenarbeit ganz selbstverständlich erscheint, ansprechen. Nur so können Sie herausfinden, ob der Partner oder die Partnerin das genauso wie Sie oder anders sieht.
- Besprechen Sie ganz konkret:
  - Was ist der jeweilige Ausgangspunkt?
  - Was sind die jeweiligen Voraussetzungen?
  - Was wollen die Partner jeweils für sich selbst mit der Kooperation erreichen?
- Wie lange soll die Kooperation minimal und maximal dauern?
- Was ist jeder bereit zu leisten?
- Wie sehen die gemeinsamen Standards für Professionalität aus?
- Was ist der Zugewinn durch die Kooperation? Ist er nur durch einen Zusammenschluss zu erreichen oder auch auf andere Art und Weise?
- Vereinbaren Sie möglichst eine Beschnupper-Phase, nach der Sie zu einem bestimmten Zeitpunkt entscheiden, ob Sie tatsächlich kooperieren möchten.
- Besprechen Sie genau, wie Sie sich wieder trennen können.
- Fixieren Sie alles Besprochene, auch die Trennungsmodalitäten, schriftlich. Das muss nicht unbedingt in Form eines offiziellen Vertrags sein; auch ein einfaches Protokoll, das beide unterschreiben, zeigt, worauf Sie sich zu diesem Zeitpunkt verständigt haben. Es geht vor allem darum, dass jede Seite noch einmal prüfen kann, ob sie die Situation für sich selbst richtig versteht und einschätzt und dass jeder später eine Gedankenstütze hat, wenn es um die gemeinsamen Vereinbarungen geht.

Gründen mit Freunden

Zu Freundschaften gehört, dass man sich gut versteht, sich gegenseitig unterstützt und alle Partner gleichwertig sind. Das könnte doch eine prima

Basis für eine gemeinsame Firma sein, vor allem, wenn man auch noch eine gute Geschäftsidee hat – oder etwa nicht? Solange sich nur ein paar Freunde zusammentun, die mehr oder weniger auf Zuruf miteinander arbeiten, geht meist alles gut. Und dass es mal zu Konflikten kommt, kann sich kaum jemand vorstellen. Nur was, wenn es viel besser läuft als erwartet und die Firma immer größer wird, sodass professionellere Strukturen nötig werden?

In solchen Situationen bilden sich meist hierarchische Strukturen, in die sich ehemals gleichberechtigte Freunde einfügen sollen. Nicht selten kracht es dann plötzlich. Das Problem ist oft, dass die Firma als Ersatz-WG oder Familienersatz fungiert. An Freunde oder Familienmitglieder hat man andere Erwartungen als an Mitarbeiter. Genau das macht den Übergang so schwierig – ähnlich der Lage, wenn man Führungskraft wird und damit plötzlich Chef/in seiner ehemaligen Kollegen. Auf einmal haben nicht mehr alle dasselbe unternehmerische Ziel vor Augen, sondern es bilden sich unterschiedliche Interessen heraus.

Was können Sie tun? Beim ersten Schritt geht es darum, sich selbst über die neue Rolle klarzuwerden und sich bewusst zu sein, was damit zusammenhängt. Der zweite Schritt besteht darin, den anderen Beteiligten im Unternehmen klarzumachen, was die neue Position bedeutet. Falls das alleine schwierig ist, kann ein Team-Coaching sehr sinnvoll sein – möglichst, bevor es größere Verwerfungen in den ehemals freundschaftlichen Beziehungen gibt.

Wie lässt sich die Teamentwicklung fördern?

Bernhard Doll hat sich in seinem Forschungsprojekt zu „Prototyping zur Unterstützung sozialer Interaktionsprozesse bei Gründerteams“ mit der Frage beschäftigt, welche Faktoren speziell in Gründerteams die Zusammenarbeit erschweren können. Er hebt dabei vier Punkte hervor.

- Innovative Aufgaben: Gründer müssen sich, wenn es um neue Geschäftsmodelle geht, über abstrakte Ideen und Konzepte verständigen, die in der Realität noch nicht existieren. Die Teammitglieder können deshalb unterschiedliche Vorstellungen von den im Raum stehenden Ideen haben.

- Fehlende Historie: Ein Gründerteam hat meistens keine gemeinsame unternehmerische Geschichte. Es muss erst eine „initiale Identität als neues Unternehmen" sowie eine dazugehörige gemeinsame Arbeits- und Innovationskultur entwickeln.
- Persönliche Unsicherheiten: Gründer wissen noch nicht, ob ihre Geschäftsidee ein Markterfolg und die Zusammenarbeit im Team funktionieren wird.
- Knappe Ressourcen: Gründerteams verfügen meist nur über knappe Ressourcen, zum Beispiel Wissen, Betriebsmittel, Werkstoffe. Das kann zu unterschiedlichen Konflikten führen.

Seine empirische Untersuchung hat Bernhard Doll an der Technischen Universität München mit 30 jungen Gründerteams aus dem universitären Umfeld durchgeführt. Sie bezog sich darauf, inwiefern die Qualität der Teamarbeit in Gründerteams durch die Entwicklung und Erprobung von Modellen und Prototypen beeinflusst werden kann. Die Gründer entwickelten eigene innovative Produktideen und testeten sie unter realistischen Marktbedingungen, indem sie Modelle und Prototypen entwickelten. Dabei arbeiteten sie beispielsweise mit Zeichnungen, Storyboards, Service-Erprobungen und Funktionsprototypen. Doll stellte mehrere positive Effekte auf die Entwicklung der Gründerteams fest.

Stärkerer Zusammenhalt

Dank der Prototypen können die Teammitglieder ihre Leistung haptisch wahrnehmen, sie können sie sozusagen anfassen. Das ist mit Emotionen wie Stolz oder auch Frustration verbunden, was den Zusammenhalt im Team stärken (aber auch schwächen) kann.

Bessere Kommunikation

Die Teammitglieder nehmen Unterschiede zwischen ihrem individuellen mentalen Modell einerseits und den realen Modellen und Prototypen andererseits wahr und passen ihre Vorstellungen im Hinblick auf die dabei festgestellten Differenzen an. Das verbessert die Qualität der Kommunikation im Team.

Mehr Sicherheit und Motivation

Die Planung, Entwicklung und Erprobung von Modellen und Prototypen hilft Gründern abzuschätzen, ob sich die Idee technisch umsetzen und am

Markt verkaufen lässt. Die Gründer empfanden vor allem Erkenntnisse, die wenig Spielraum für Interpretationen durch einzelne Teammitglieder lassen, als besonders valide und zuverlässig. Das bietet Sicherheit und motiviert die Beteiligten, im Gründerteam zu bleiben.

Reflexion eigener Kompetenzen

Der Einsatz von Modellen und Prototypen verhilft Mitgliedern von Gründerteams zu einem weiteren Vorteil. Sie lernen, ihre Leistungsfähigkeit bei der technischen Problemlösungskompetenz, der unternehmerischen Kompetenz und den vorhandenen Ressourcen offen und ehrlich zu bewerten.

Doll zieht das Fazit: „Um diese Wirkung zu erzielen, ist es notwendig, dass Gründerteams die Entwicklung und Erprobung von Modellen und Prototypen als wichtige Bestandteile ihrer Arbeits- und Innovationskultur und als wesentliches Instrument bei der Bearbeitung innovativer Aufgabenstellungen ansehen." Die Arbeit mit Modellen und Prototypen ist dabei in unterschiedlichen Feldern möglich, mit ihnen lassen sich die unterschiedlichsten innovativen Strategie-, Produkt- und Marketingkonzepte testen. Nutzen auch Sie die Vorteile dieser Vorgehensweise und testen Sie Ihre Ideen, bevor Sie damit an den Start gehen.

8. Spezialfälle: virtuelle Teams und internationales Umfeld

Sich bei Missstimmungen mal eben kurz entschuldigen, das ist nicht so einfach, wenn die Geschäftspartner oder Kollegen Hunderte von Kilometern voneinander entfernt sind. Der Schwierigkeitsgrad steigt noch einmal, wenn sich die Teams aus Menschen in anderen Ländern und damit aus anderen Kulturen zusammensetzen. Unter diesen Umständen ist es noch weniger selbstverständlich, dass der andere etwas genauso versteht, wie Sie es gesagt haben. Tipps und Anregungen zum Umgang miteinander finden Sie in diesem Kapitel.

Nicht alle Gründer und Selbständigen, die sich zusammenschließen wollen, gründen gleich eine GmbH und mieten ein mehrere hundert Quadratmeter großes Büro an. Vielmehr ist es oftmals so, dass sich Gründer und Selbständige mit Kooperationspartnern zusammentun, die an anderen Standorten auf der Welt leben und arbeiten. Um ein solches Vorhaben zu koordinieren, können sie ein virtuelles Unternehmen gemeinsam mit anderen führen. Ebenso ist es möglich, dass die Arbeit im virtuellen Team nur eine Facette der selbständigen Tätigkeit ist. In diesem Fall sitzt dann jeder in seinen eigenen Büroräumen oder im Home-Office, und der Austausch läuft per E-Mail und Telefon. Auf diese Weise entsteht ein virtuelles Team, in dem die Mitglieder ohne direkten persönlichen Kontakt zusammenarbeiten. Wenn Konflikte auftreten, schwelen sie oft schon länger latent unter der Oberfläche, Schwierigkeiten werden meist erst viel später erkannt als in „realen Teams“.

Die Kommunikation in virtuellen Teams

Die Kommunikation in virtuellen Teams funktioniert grundlegend anders, als wenn sie direkt von Angesicht zu Angesicht stattfindet. Anstatt ins Büro nebenan zu gehen und kurz etwas mit dem Kollegen oder der Kollegin zu besprechen, muss man sich gegenseitig anrufen oder E-Mails verschicken. Im Unterschied zum persönlichen Gespräch, bei dem man sich gegenseitig sieht und hört, steht beim Telefonieren oder Mailen jeweils nur ein Kommunikationskanal zur Verfügung, entweder der akustische oder der optische. Außerdem fehlt oft der informelle Austausch, der im Büro zwischendurch im Flur oder in der Kaffeeküche möglich ist und bei dem eine ganze Menge an Information fließt.

In diesem Sinn ist die Kommunikation in virtuellen Teams eingeschränkter. Die Mitglieder benötigen deshalb eine spezielle Medienkompetenz für den Umgang mit dem Internet, mit PCs und mit dem Telefon, aber sie müssen ebenso über eine besondere Kommunikationskompetenz verfügen. In virtuellen Teams gelten ganz eigene Spielregeln, und das gilt auch für den Umgang mit Konflikten, die die Mitglieder gemeinsam angehen und bewältigen müssen.

Im Gespräch

Gabriele Stöger, Coach und Beraterin bei Stöger & Partner, einer Personalentwicklungsgesellschaft in Markt Schwaben bei München, beschäftigt sich seit Jahren mit virtuellen Teams und hat dazu gemeinsam mit Gary Thomas ein Buch verfasst: „Teams ohne Grenzen. Und es geht doch: Virtuelle Teams erfolgreich vernetzen, führen, leben" (Zürich 2007). Sie hat die Erfahrung gemacht, dass virtuelle Teams oft erstaunlich schlecht funktionieren.

Worin bestehen die Probleme virtueller Teams?
Diese Teams haben häufig psychologische Probleme. Vielen Beteiligten ist nicht klar, dass virtuelle Teams anders funktionieren als herkömmliche. Sie versuchen einfach, hier genauso wie dort zu arbeiten. Ein Fehler, wie sich in der Praxis immer wieder herausstellt. Es gibt viele Unterschiede zwischen klassischem und virtuellem Teammanagement. Ein ganz wesentlicher Punkt ist die Zusammensetzung der Mitglieder. Nicht jeder ist für das Arbeiten im virtuellen Team geeignet.

Was ist das Besondere daran?
Die Partner oder Kollegen können sich nicht jeden Tag über die Schulter schauen, sich gegenseitig motivieren und mit einem persönlichen Besuch oder einem Präsenz-Meeting die permanenten kleinen Konflikte im Team erspüren. Ihnen ist es nicht möglich, die täglichen Stimmungen und Missstimmungen anhand nonverbaler Signale (Mimik, Gestik) einzuschätzen – und Videokonferenzen sind bisher selten an der Tagesordnung. Alle Teammitglieder müssen sich größtenteils selbständig motivieren und steuern, eigenständig Probleme lösen und sich gegenseitig effektiv informieren.

Wie kann ich mit meinen virtuellen Teammitgliedern erfolgreich zusammenarbeiten?
Üblicherweise trifft man sich zu einem ersten Präsenz-Meeting, bevor man eine Zusammenarbeit startet. Das wird bei Gründern und Selbständigen, die in virtuellen Teams zusammenarbeiten, nicht immer möglich sein. Dieses Manko lässt sich kompensieren, indem die Mitglieder nach dem Chatroom-Prinzip vorgehen und per Telefon oder E-Mail ein virtuelles Meeting veranstalten. Dabei können sie besprechen, ob es Differenzen in der Zielauffassung gibt, und einen Konsens entwickeln.

Was ist bei der Kommunikation in virtuellen Teams zu beachten?
Viele Teams arbeiten zwar virtuell, doch sie können nicht mit dem vorhandenen Werkzeugkasten umgehen. Sie telefonieren, wenn sie besser mailen sollten (wenn es ums Informieren geht). Sie mailen, wenn sie besser telefonieren sollten (wenn es um Konsens, Mikroentscheidungen und Beziehungspflege geht). Sie videokonferieren, wenn sie besser Vier-Augen-Diplomatie betreiben sollten.

Welche Regeln sind für virtuelle Teams wichtig?
Die Mitglieder sollten von vornherein überlegen, was zu tun ist, wenn Absprachen nicht gut laufen, und für solche Fälle Spielregeln vereinbaren. Die Beteiligten müssen sich darüber klarwerden, warum bestimmte Regelverstöße passiert sind, und sich sofort überlegen, was sie in Zukunft anders machen wollen. Zudem sind regelmäßige Telefonkonferenzen wichtig. Und wie virtuell das Team auch sein mag, es ist unerlässlich, sich ab und zu real zu treffen.

Welche besonderen Kompetenzen brauche ich, um in einem virtuellen Team zu arbeiten?
Wenn mich in einem normalen Team eine Kollegin ärgert, gehe ich zur ihr und sage: „Das hat mich geärgert." In einem virtuellen Team ist das schwieriger. Eine E-Mail mit dem Text zu verschicken „Ich habe mich geärgert" ist ungleich heikler. Denn ich kann im Vergleich zum persönlichen Gespräch schwerer einschätzen, wie meine schriftliche Botschaft bei der Kollegin ankommt. Das bedeutet, dass man im Vorfeld viel sensibler sein und auch immer über die Art der Kommunikation reflektieren muss. Man kann nicht einfach so mal eben eine flapsige Bemerkung fallenlassen, sondern muss auf der Metaebene mitbekommen, wie die Zusammenarbeit läuft, und wissen, wie etwas angekommen ist. Es braucht ein Bewusstsein für die Prozesse, um die Frage beantworten zu können: „Was benötigt mein Teampartner, damit er richtig arbeiten kann?"

Ist die Arbeit in virtuellen Teams aufwendiger?
Einerseits schon: Wenn ich zum Beispiel auf eine Reaktion meines virtuellen Teampartners warte, um weiterarbeiten zu können, aber dem ist etwas dazwischengekommen. Ich muss einzelnen Informationen oft mehr hinterherlaufen. Und die Feinabstimmung ist aufwendiger. Andererseits stehen dem die gesparten Reisekosten und die gesparte Reisezeit gegenüber.

Wenn Menschen im Team zusammenarbeiten, müssen sie sich erst zusammenraufen. Dabei wird geklärt, welche Aufgaben mit welcher Position verbunden sind, wer was tun soll oder wer wem was zu sagen hat. Gleichzeitig entwickelt das Team eine gemeinsame Identität, ein Wir-Gefühl. Das ist schon in realen Teams nicht immer einfach. Wenn man die anderen Mitglieder kaum kennt, wird es noch einmal schwerer, Vertrauen aufzubauen und sich mit den anderen verbunden zu fühlen. Auch das virtuelle Team muss sich deshalb persönlich zu Besprechungen treffen, um sich kennenzulernen, die Spielregeln festzulegen und die gemeinsamen Ziele zu definieren. In solchen Situationen ist zu überlegen, ob sich das Team einen neutralen Moderator dazuholt, der Erfahrung damit hat, das Zusammenwachsen virtueller Teams zu begleiten.

Tipp

Legen Sie Spielregeln fürs Team fest

Von besonderer Bedeutung für eine funktionierende Kommunikation sind die Spielregeln. Entwickeln Sie immer ganz bewusst eine Team-Etikette, die die folgenden Fragen beantwortet.

- Wie oft finden regelmäßige Telefonkonferenzen statt?
- Wie oft finden Besprechungen an einem gemeinsamen Ort statt?
- In welchem Zeitraum sollen E-Mails bearbeitet werden?
- Wer erhält welche Information von wem?
- Wie ist sichergestellt, dass sich die Teammitglieder regelmäßig Feedback über den Fortschritt der Arbeit und über Probleme geben?
- Wer soll jeweils Kopien von E-Mails erhalten?
- Wie lässt sich vermeiden, dass ein Teammitglied nicht erreichbar ist?
- Wann sollte jeder Einzelne über welche Kommunikationsmittel erreichbar sein?
- Wie oft nutzen Sie die Chat-Funktion oder das Telefon zum Ideenaustausch und zum Smalltalk?

Wie Sie Konflikte in virtuellen Teams bewältigen

Wenn Sie die Besonderheiten der Kommunikation in virtuellen Teams beachten, dafür Spielregeln festlegen und diese auch einhalten, schaffen Sie eine gute Basis, damit viele Konflikte gar nicht erst entstehen. Doch trotz aller Vorsorge lässt sich nicht jeder Konflikt vermeiden. Wenn es doch einmal kracht oder die Stimmung immer schlechter wird, gilt es, keinesfalls zu warten, sondern die Probleme möglichst bald persönlich anzusprechen.

E-Mails eignen sich dafür kaum; die Gefahr, dass der Konflikt dabei eskaliert, ist sehr groß. Zum einen klingt vieles schriftlich härter, als es vielleicht gemeint ist, zum anderen könnten sich leicht aggressive Untertöne einschleichen, obwohl der Absender die Gegenseite gar nicht angreifen will. Außerdem ist es nicht möglich, auf eine E-Mail direkt zu reagieren. Am besten geeignet ist ein persönliches Gespräch, auf das sich die Beteiligten gut vorbereiten. Gibt es hierzu keine Gelegenheit, sollten die Betroffenen sich möglichst umgehend in einer ruhigen Minute am Telefon besprechen, um eine Lösung für den Konflikt zu finden. Dann ist darauf zu achten, dass jeder ohne Störung, also bei geschlossener Tür, sprechen kann. Warten Sie damit nicht zu lange, denn bei virtuellen Teams besteht wegen der schwierigeren Kommunikation die Gefahr, dass sich nicht bearbeitete Konflikte verselbständigen. Dann kann es passieren, dass am Ende die gemeinsame Arbeit unmöglich wird.

Was ist beim Arbeiten im internationalen Umfeld anders?

Oft arbeiten Teams nicht nur in einem Land virtuell zusammen, sondern die Mitglieder sind auf mehrere Länder verteilt und stammen aus unterschiedlichen Kulturen. Selbständige können zum Beispiel indische Dienstleister mit dem Erstellen von Powerpoint-Folien beauftragen oder haben einen schottischen Partner, dessen Whisky sie importieren. Oder sie tun sich mit einem brasilianischen Mitarbeiter zusammen, der für einen kleinen spezialisierten Reiseveranstalter die Kunden vor Ort betreut. Bei solchen Geschäftsideen hängt der Geschäftserfolg sehr stark vom Verständnis auf beiden Seiten ab, ein Verständnis, das weit über das Verstehen der fremden Sprache hinausgehen muss.

Gute Karten hat, wer Benimmklippen von vornherein weiträumig umschifft. „Interkulturelle Kompetenz“ heißt hier das Zauberwort. Dieser Begriff beschreibt die Fähigkeit, sich im Ausland oder Ausländern gegenüber so zu verhalten, dass man nicht in jedes Fettnäpfchen tritt und damit unnötige Konflikte provoziert. Doch es hilft nicht weiter, Benimmregeln einfach auswendig zu lernen. Es ist wichtig, das kulturelle System eines Landes zumindest in Ansätzen zu verstehen und sich auf seine Bewohner einzustellen. Dabei geht es nicht darum, fremdes Verhalten zu imitieren, sondern sich darauf einzustellen, dass zwei Menschen in der gleichen Situation nicht zwingend dasselbe verstehen müssen. Dabei gilt es, immer den Einzelfall zu berücksichtigen und sich zu fragen, wo ein Mensch herkommt, welche Sozialisation er oder sie hat oder wie europäisch-westlich geprägt eventuell jemand aufgewachsen ist. Das bedeutet: Eine gewisse Sensibilisierung ist nötig. Ebenso gefragt sind Flexibilität, Toleranz, Einfühlungsvermögen und die Fähigkeit, über sich selbst nachdenken zu können und eigene Normen und Werte infrage zu stellen. Das sind alles Begriffe, mit der sich auch soziale Kompetenz beschreiben lässt. Die interkulturelle Kompetenz ist Teil davon – genauso wie die Fähigkeit, Konflikte zu managen.

Voraussetzung für einen guten Umgang ist, sich immer vor Augen zu halten, dass die eigene Kultur nur eine von vielen ist und damit weder besser noch schlechter als andere. Machen Sie sich bewusst, dass auch ganz andere Vorstellungen darüber existieren können, was von den Mitmenschen erwartet werden kann. Oft ist die Bereitschaft groß, sich mit fremdartigen Kulturen auseinanderzusetzen, doch genauso wichtig ist es, dass Sie sich klarmachen, dass auch zwischen einzelnen Ländern West- und Osteuropas große Unterschiede bestehen können. Das gilt ja sogar schon innerhalb Deutschlands; Bayern verhalten sich oftmals anders als Norddeutsche. Die Andersartigkeit der unterschiedlichen Kulturen zu entdecken, kann sehr inspirierend sein und verblüffende Lösungswege bei Konflikten eröffnen.

Gründe für Konflikte zwischen Menschen unterschiedlicher Kulturen

Vor allem in virtuellen Teams, die international zusammengesetzt sind, kommt es schnell zu Missverständnissen, weil der persönliche Kontakt fehlt. Wer beispielsweise ein Gespräch mit einem Franzosen ohne Smalltalk beginnt, hat die Chance, an dessen Mimik zu erkennen, dass er etwas pikiert ist. Schnell kann man dann noch eine persönliche Frage stellen und das Versäumte nachholen. Schicken Sie ihm aber zum Beispiel eine E-Mail, in der Sie nur schreiben „Herr XY, Ihre Zahlen sind falsch“, merken Sie gar nicht, wie er darauf reagiert. Dann ist der Empfänger in Frankreich vielleicht verärgert, weil der persönliche Einstieg ins Gespräch fehlt und Sie sich aus seiner Sicht sehr schroff und beleidigend ausgedrückt haben. Und schon ist die Irritation da und führt in der weiteren Zusammenarbeit zu Konflikten.

Die Unterschiede werden aber auch spürbar, wenn Menschen aus unterschiedlichen Ländern direkt zusammenarbeiten. Zum Beispiel, wenn jemand meint, nur weil Engländer immer freundlich sind, könnte man sich gleich mal privat mit ihnen treffen. Es fällt zudem auf, dass in Großbritannien die Menschen aus deutscher Sicht etwas seltsam reagieren, wenn man im Meeting Kritisches äußert. Die Engländer haben meist eine viel indirektere Art, Kritik oder Probleme anzusprechen. Sie kritisieren sehr viel höflicher, diplomatischer und vorsichtiger. Die direkte Art von uns Deutschen könnten sie als unverschämt empfinden. Umgekehrt wundern sich die Briten dann, dass deutsche Teammitglieder nicht auf ihre Kritik reagieren, und halten sie für uneinsichtig oder gehen davon aus, dass sie sich für etwas Besseres halten. Dabei hat das Gegenüber die kritische Bemerkung vielleicht nicht als solche wahrgenommen, weil es derartige Anmerkungen als grundsätzliche Zustimmung interpretiert.

In den meisten Ländern haben Deutsche außerdem schlechte Karten, wenn sie fest auf Deadlines beharren und diese nach dortigen Maßstäben generalstabsmäßig verfolgen. In anderen Ländern sind Termine häufig flexibler, sodass es besser ist, nicht zu forsch vorzugehen, um deren Einhaltung anzumahnen. Es ist auch nützlich, offen zu sagen, welche Probleme mit einer Verspätung verbunden sind. Selbst Improvisationskünstlern wie Brasilianern oder Tschechen gelingt es nicht immer, noch in letzter Minute termingerecht zu liefern. Sie sind dann unter Umständen erstaunt, dass damit ernsthaft gerechnet wurde und jetzt plötzlich ein Problem entstanden ist.

!

Tipp

Mit offener Kommunikation Konflikte vermeiden

Durch eine offene Kommunikation kann man solchen Missverständnissen und daraus resultierenden Konflikten vorbeugen. Beherzigen Sie folgenden Hinweis: Im Ausland ist es noch wichtiger als in Deutschland, Zwischenschritte abzufragen, um im Fall der Fälle rechtzeitig reagieren zu können. Aber tun Sie dies freundlich und charmant und nicht so, dass das Gespräch einem Verhör ähnelt.

Der persönliche Umgang

Vielen Deutschen fällt es schwer, der Pflege der persönlichen Beziehung mehr Zeit einzuräumen, da sie diese nicht als wichtige Geschäftsgrundlage ansehen. Doch ohne dieses Zeichen von Wertschätzung wird Business im Ausland nicht erfolgreich funktionieren. Akzeptieren Sie vielleicht einfach, dass sich das nicht umgehen lässt. Unternehmer, die das in Brasilien übliche Begrüßungsritual „Wie geht's? Wie geht's der Familie? Gute Reise gehabt?" nicht übernehmen, werden mit ihrer sachlichen und direkten Art bei den Mitarbeitern vor Ort auf Unverständnis stoßen. Persönliche Gespräche sind außerdem dazu da, die Mitarbeiter zu motivieren. Was auch oft auffällt: Viele Deutsche leiden darunter, dass es in anderen Ländern weniger pünktlich zugeht. Darauf sollten Sie allerdings nicht zu genervt reagieren, sondern lieber mit einer Prise Humor darauf hinweisen, dass Sie als Deutscher etwas anderes unter Pünktlichkeit verstehen. Machen Sie Ihrem Gegenüber einfach klar, dass es diese zwei Seiten gibt und Sie mit seinem Verhalten gewisse Schwierigkeiten haben. Greifen Sie ihn dabei keinesfalls an und bestehen Sie nicht auf Ihrem Verständnis von Pünktlichkeit. Verleugnen Sie sich aber nicht selbst. Nur wer authentisch handelt und sich selbst treu bleibt, wirkt überzeugend.

Im Gespräch

Es war eine Urlaubsbekanntschaft: *Gerhard Pichler** lernte in Griechenland einen anderen Deutschen und einen Griechen kennen. Daraus entwickelte sich nicht nur eine Freundschaft, sondern auch eine Geschäftsbeziehung. Das Trio beschloss, einen Direktimport griechischer Produkte nach Deutschland zu starten – mit Honig und Schafskäse aus der Region. Kurz vor der Unternehmensgründung stieg jedoch der Partner aus Deutschland wieder aus.

Was waren die Gründe für die Trennung?

Ich fahre seit 20 Jahren als Tourist nach Griechenland und dachte, ich würde das Land ganz gut kennen. Aber dort Geschäfte zu machen, ist doch ganz anders als in Deutschland. Mein deutscher Geschäftspartner hatte die an sich gute Eigenschaft, jedem alles zu erklären, und hielt dabei längere Monologe. Da holen

* Name geändert

sich Griechen lieber erst mal einen Kaffee, anstatt sich das anzuhören. Bei ihnen geht es eher nach dem Prinzip „Alle reden durcheinander". Mein Partner wollte auch immer den Tag durchplanen, was wer wann zu tun hat. Wohingegen der griechische Partner eine andere Einstellung hatte: „Mal sehen, was der Tag so bringt und was sonst noch zu tun ist." Ich hatte Vertrauen, dass alles erledigt wird, aber zwischen meinem deutschen und meinem griechischen Partner wurden die Spannungen immer größer. Ich habe dann noch versucht zu vermitteln, aber das gestaltete sich sehr schwierig.

Wie sind Sie denn mit der griechischen Mentalität zurechtgekommen?
Na ja, ich war auch nicht gerade glücklich darüber, für mich als Deutscher waren manche Dinge eben schwierig. Aber es war mir klar, dass das gemeinsame Geschäft nur klappen kann, wenn ich eine gewisse Flexibilität an den Tag lege. Meine Devise ist dann eher: „Eine gewonnene Diskussion ist ein verlorener Partner." Wenn es Konflikte gibt, braucht man als Unternehmer auch ein gewisses Durchhaltevermögen. Es ist wichtig, nicht gleich die Flinte ins Korn zu werfen, sondern eine Lösung zu suchen.

Wie kam es genau zum Ausstieg des dritten Partners?
Es stellte sich heraus, dass wir am Anfang mehr Geld investieren mussten als ursprünglich geplant. Zu den kulturellen Spannungen kam dann hinzu, dass der dritte Partner eher eine Angestellten-Mentalität hatte. Er zögerte und stieg schließlich aus. Im Nachhinein bin ich froh, dass das zu diesem Zeitpunkt geschah, weil wir unseren Gesellschaftervertrag noch nicht gemacht hatten. Aber wir halten weiter freundschaftlichen Kontakt, und er unterstützt uns, indem er unsere Produkte empfiehlt.

Kulturstandards und Kulturdimensionen

Das eigene kulturelle Orientierungssystem gehört zum alltäglichen und „normalen" Leben, weil man darin aufgewachsen ist und in der Regel nie etwas anderes erlebt hat. Diese unbewusst wirkenden Kulturstandards treten zumeist erst zutage, wenn wir mit Menschen aus einer fremden Kultur zusammentreffen. Wissenschaftler gehen in diesem Zusammenhang der Frage nach, ob bestimmte Kulturstandards auf Grunddimensionen (allgemeinen) menschlichen Verhaltens zurückgeführt werden können. Sie teilen Kultur in verschiedene Dimensionen ein – darunter Raum, Zeit, Machtdistanz oder Unsicherheitsvermeidung. Zum Beispiel haben Kulturen, die gut improvisieren können, ein schwaches Bedürfnis, Unsicherheit zu vermeiden. Sie reagieren gelassener und flexibler auf chaotische Verhältnisse. Im Gegensatz dazu sind wir Deutschen von einer starken Unsicherheitsvermeidung geprägt und versuchen, durch strengere Regelsysteme unstrukturierte Situationen auf ein Mindestmaß zu beschränken.

Gut zu wissen

Der unterschiedliche Umgang mit Zeit, Raum, Macht und Gefühlen

Wissenschaftler, die sich mit dem Thema „Internationales Businessverhalten" beschäftigen, gehen davon aus, dass es unterschiedliche Kulturdimensionen gibt, zum Beispiel den Umgang mit Zeit oder Raum. Je nachdem, wie diese Kulturdimension ausgeprägt ist, hat jede Kultur ihre eigenen Kulturstandards entwickelt. Darüber sind wir uns in der Regel nicht bewusst. So herrscht in manchen Kulturen, wie auch in der deutschen, eine lineare Auffassung von Zeit vor: Dinge werden nacheinander abgearbeitet, Termine eingehalten. In anderen Ländern, beispielsweise im arabischen Raum, gibt es eine eher polychrome Vorstellung von Zeit. Hier wird Zeit zirkulär verstanden, Arbeitsabläufe laufen nebeneinander und können auch unterbrochen werden. Gespräche mit wichtigen Personen haben Vorrang, selbst wenn dafür andere Termine nicht eingehalten werden.

Bei Konflikten ist es sehr hilfreich, auf das Modell, dass in bestimmten Kulturen mit gewissen Grunddimensionen des Lebens unterschiedlich umgegangen wird, zurückzugreifen. So kann man sich deutlich machen, dass man es wahrscheinlich nicht einfach mit einer Person zu tun hat, die sich im Einzelfall seltsam verhält oder einen ärgern möchte, sondern dass dieses Verhalten in einer bestimmten Kultur Standard ist. Das wirkt entlastend, weil es den Konflikt von einer persönlichen Note befreit, die oft gar nicht vorhanden ist. Um Konflikte im internationalen Umfeld zu lösen, sollten Sie also möglichst viel über die Kultur des jeweiligen Landes und der Menschen dort wissen. Auch der nächste Schritt, die Suche danach, wie eine mögliche Lösung überhaupt aussehen könnte, wird so leichter. Und das Verständnis dafür, dass es verschiedene Kulturstandards gibt, macht es einfacher, das Problem mit dem Konfliktpartner konstruktiv zu besprechen und seine Perspektive zu verstehen.

Zur Kommunikation mit ausländischen Geschäftspartnern und Mitarbeitern

Von interkultureller Kompetenz war ja schon die Rede, sie ist die Grundlage für eine gute Zusammenarbeit über Ländergrenzen hinweg. Wenn Sie diese Fähigkeit bei sich verbessern wollen, ist die Bereitschaft erforderlich, sich in andere Menschen hineinzuversetzen. Geht es um Konfliktvorbeugung, kommt als zweiter Aspekt hinzu, darauf zu achten, ob die Kommunikation irgendwie gestört ist und dadurch die Zusammenarbeit erschwert werden könnte.

Üben Sie sich darin, verschiedene Blickwinkel einzunehmen, um zu verstehen, wie andere Menschen Dinge bewerten: indem Sie vieles einfach ausprobieren, selbst Erfahrungen im jeweiligen Land sammeln, offen sind, viele Fragen stellen und das Gelernte auch immer wieder reflektieren. Und indem Sie sich selbst immer wieder fragen: Ist die Beziehung jetzt wirklich in Ordnung? Funktioniert alles? Was könnte besser sein? Sobald Ihnen etwas seltsam vorkommt, fragen Sie jemanden um Rat, ob er ähnliche Erfahrungen gemacht hat. Das kann jemand sein, der selbst schon in dem betreffenden Land war, oder ein interkultureller Experte. Der allerwichtigste Schritt auf dem Weg zum Erfolg ist aber, sich von der Haltung zu verabschieden, dass der deutsche Weg der einzig seligmachende ist. Es mag vielleicht im deutschen Umfeld ganz klar sein, dass ein bestimmtes Produkt diesen und jenen Qualitätsstandards genügen muss. In Brasilien, Indien oder auch in Ungarn ist das vielleicht überhaupt nicht klar, weil dort ganz andere Standards vorherrschen. Wenn Sie sich im Umgang mit ausländischen Geschäftspartnern und Mitarbeitern an die folgenden Empfehlungen halten, sollten Sie gut zurechtkommen.

Wie viel Anpassung sollte sein?

Führen Sie sich immer wieder vor Augen, dass es nicht darum geht, fremdes Verhalten zu imitieren. Ihr Gesprächspartner wird sicher nicht erwarten, dass Sie sämtliche Regeln in seinem Land kennen, sondern wird es schätzen, dass Sie sich bemühen, die dortigen Gepflogenheiten zu begreifen. Es ist deshalb viel wichtiger, dass Ihr Gegenüber das Gefühl hat, dass Sie bereit sind, seine Kultur zu verstehen.

Der Blick in den Spiegel

Um andere Kulturen besser zu verstehen und zu erkennen, wie man auf andere wirkt, lohnt es sich, bei sich selbst anzufangen. Das ist auch unerlässlich, um den eigenen Anteil an Konflikten mit Partnern aus anderen Kulturen auszumachen. Sylvia Schroll-Machl, Expertin für Internationales Businessverhalten, erläutert in ihrem Buch „Die Deutschen – Wir Deutsche“ (Göttingen 2002) sieben deutsche Kulturstandards und vermittelt anschaulich, wie Menschen aus anderen Kulturen uns sehen. Die beschriebenen Kulturstandards treten natürlich in unterschiedlicher Ausprägung auf und werden immer von persönlich-individuellen wie auch situativ-strukturellen Faktoren beeinflusst.

Sachorientierung

Die Sache steht im Zentrum der Aufmerksamkeit, die Beschäftigung mit Personen ist nicht „primär relevant“.

Wertschätzung von Strukturen und Regeln

Regeln und Strukturen gelten als hilfreich beim Umgang miteinander. Sie kommen in allen Lebensbereichen zur Anwendung, werden erwartet, eingehalten und wenig hinterfragt. Werden sie verletzt, wird das geahndet.

Internalisierte Kontrolle

Klare und universelle Richtlinien gelten für alle Menschen. Sie werden ohne Rücksicht auf Beziehungen auch bei jedem angewendet.

Zeitplanung

Zeitliche Planung und Termine sind wichtig, Zeitpläne werden langfristig und genau erstellt und präzise erfüllt. Zeit ist ein „kostbares Gut und darf nicht nutzlos vergeudet werden, sondern muss effektiv genutzt werden“.

Trennung von Persönlichkeits- und Lebensbereichen

Deutsche trennen strikt zwischen den verschiedenen Bereichen ihres Lebens, sowohl nach Sphären (beruflich, privat) als auch danach, wie nahe sie einer anderen Person stehen.

„Schwacher Kontext“ als Kommunikationsstil

Der deutsche Kommunikationsstil zeichnet sich durch Explizitheit und Direktheit aus. Die Sachverhalte werden klar und eindeutig formuliert, es gibt wenig Spielraum für Interpretationen und noch weniger bis kein Verständnis für Ungesagtes.

Individualismus

Die Betonung liegt auf dem Einzelmenschen, der (emotional) relativ unabhängig von einer Gruppe ist. Persönliche Unabhängigkeit und Selbständigkeit werden hoch bewertet.

Nach einem solchen Blick in den Spiegel und mit dem daraus resultierenden Bewusstsein können Sie viele Missverständnisse, Kränkungen und Konflikte in interkulturellen Begegnungen umgehen oder zumindest abschwächen. Nehmen Sie aber auch hin, dass dieser offene Blick auf uns selbst manchmal erst gelingt, wenn wir direkt mit einer anderen Kultur konfrontiert sind – und zwar geschäftlich. Egal, wie oft wir in dem betreffenden Land vielleicht schon als Tourist zu Besuch waren, in der Regel wissen wir wenig über die kulturellen Gepflogenheiten, die im Business des anderen Landes eine Rolle spielen. Nicht nur bei Auswanderern ist deshalb die Überraschung oftmals groß, vieles erfährt man tatsächlich erst in der Zusammenarbeit.

9. Der Umgang mit Kunden in schwierigen Situationen

Die eine Seite möchte möglichst viel bekommen, die andere möglichst wenig geben – oft wird übersehen, dass Honorarverhandlungen klassische Konfliktgespräche sind. Wenn Kunden nicht zahlen wollen, ist der Konflikt hingegen offensichtlich. In beiden Fällen sind Sie gleichermaßen gefragt, aktiv zu werden, um Ihr Geld zu erhalten. Auch bei Beschwerden und Reklamationen ist besonderes Gesprächsgeschick gefragt. Was in solchen Situationen zu beachten ist, erfahren Sie in diesem Kapitel.

Was tun bei Reklamationen und Beschwerden?

Bei Reklamationen und Beschwerden geht es meist um offene Konflikte. Beide Parteien wissen, dass eine Auseinandersetzung bevorsteht, zum Beispiel über die Qualität einer Leistung oder darüber, dass ein Kunde nicht den vereinbarten Preis zahlen möchte. Viele Selbständige wissen nicht, wie sie mit solchen Situationen umgehen sollen. Kein Wunder: Angenehm ist es nicht, wenn jemand die eigene Leistung infrage stellt.

Doch auch wenn es um Beschwerden geht, nützt es nicht viel, sich nur hinter Paragrafen zu verschanzen. Das wird auf Dauer keinen Erfolg bringen. Eine offene Haltung ist wichtig, um sich auf konstruktive Weise mit der Kritik des Kunden auseinanderzusetzen. Machen Sie sich aber auch klar, dass nicht alles so ist, wie es sich auf den ersten Blick darstellt. Oft reichen ein paar Fragen, um zu klären, worum es wirklich geht.

Im Gespräch

Dem freiberuflich tätigen Software-Entwickler ***Frank Eschler***[*] war es früher sehr unangenehm, wenn sich Kunden bei ihm meldeten, die mit seinem Programm, einer Software für betriebswirtschaftliche Prozesse, nicht zufrieden waren und deshalb auch nicht bezahlen wollten. Inzwischen hat sich seine Einstellung um 180 Grad gedreht.

Wie sind Sie früher mit Reklamationen umgegangen?
Am Anfang meiner Selbständigkeit habe ich fast immer sofort den Kaufpreis erstattet, wenn sich jemand darüber beschwert hat, dass er mit dem Programm nichts anfangen kann oder dass es nicht funktioniert. Diese Situationen waren mir so unangenehm, dass ich mich gar nicht auf ein Gespräch oder eine Auseinandersetzung eingelassen habe. Ich bin einfach den Weg des geringsten Widerstands gegangen. Wenn ich aber doch einmal hart reagiert und juristisch argumentiert habe, dass das Widerspruchsrecht in diesem Fall nicht greift, wurde die Auseinandersetzung gleich sehr unerfreulich. Es gingen enervierende E-Mails hin und her, und das Ganze kostete viel Energie.

---

* Name geändert

Was hat sich geändert?

Irgendwann dachte ich mir, es ist ungerecht, dass es „freche" Kunden gibt, die nicht für eine erbrachte Leistung zahlen wollen, während „brave" Kunden anstandslos bezahlen. Ich beschloss, die zahlungsunwilligen Kunden nicht mehr so einfach davonkommen zu lassen, und änderte meine Strategie. Heute rufe ich diese Kunden an und frage ganz offen: „Was genau ist das Problem?" oder „Was haben Sie nicht verstanden?". Ich erkläre meinen Gesprächspartnern, dass ich die Schwierigkeiten schon allein aus Marktforschungsgründen lösen möchte, weil ich mir zufriedene Kunden wünsche. Meist ist die Lage dann ganz leicht zu bereinigen. Oft stellt sich heraus, dass der Benutzer mit einer kleinen zusätzlichen Information doch mit dem Programm zurechtkommt. Und die Kunden freuen sich, dass ich sie extra anrufe; das empfinden sie als Wertschätzung. Sehr oft ist es sogar so, dass die Kunden mit dem Verlauf des Gesprächs sehr zufrieden sind und gleich noch ein weiteres Programm bei mir bestellen.

Und wenn das Problem einmal doch nicht zu lösen ist?

Wenn ich die Argumente des Kunden tatsächlich nachvollziehen kann, erstatte ich den Kaufbetrag. Das sind aber inzwischen absolute Einzelfälle.

Mit welcher Einstellung führen Sie diese Telefonate?

Mir gelingt es jetzt so oft, die Leute zu begeistern, dass ich mich inzwischen richtig auf solche Gespräche freue. Sie sind für mich eine tolle Chance, meine Kunden zu zufriedenen Kunden zu machen, die auch weitere Produkte bei mir kaufen. Ich gehe heute selbstbewusst in diese Gespräche mit der Haltung, dass ich Dinge klären möchte, um mein Produkt und meine Kundenbeziehungen noch zu verbessern.

Die Gründe, aus denen es Schwierigkeiten mit Kunden gibt, sind unterschiedlich. Doch immer geht es darum, auf den jeweiligen Kunden und sein Problem einzugehen. Am besten können Sie das, wenn Sie ein solches Gespräch, zum Beispiel über eine Reklamation, nach den Regeln für Konfliktgespräche vorbereiten und führen (siehe Kapitel „5. So bereiten Sie Konfliktgespräche vor"). Hier noch einmal kurz zusammengefasst:

- Was sind die Streitpunkte aus Ihrer Sicht?
- Was sind die Streitpunkte aus Sicht der Gegenpartei?
- Was fühlen Sie?
- Was ist Ihr Anteil am Konflikt?

- Was sind die wichtigsten Argumente?
- Was ist der Worst Case, der durch das Gespräch eintreten kann?
- Welche positiven Seiten hat Ihr Konfliktpartner?

Kommt das Gespräch für Sie überraschend, weil sich ein Kunde mit einer Reklamation am Telefon meldet und Sie gleich reagieren müssen, ist es vor allem wichtig, für eine positive Gesprächsatmosphäre zu sorgen. Bitten Sie Ihren Gesprächspartner darum, Ihnen so viele Details zum Sachverhalt wie möglich zu schildern. Sie haben dann die Grundlage, um eine gute Lösung mit dem Kunden zu finden, und der spürt, dass Sie sich wirklich um ihn bemühen.

Fragen Sie ihn, welche Reaktion er von Ihnen und Ihrem Unternehmen erwartet, und notieren Sie seine Antworten. Lassen Sie sich dabei nicht von seinem Ärger anstecken. Beschäftigen Sie sich stattdessen damit, sein Anliegen richtig zu verstehen, und haken Sie wenn nötig nach. So zeigen Sie Ihrem Gegenüber, dass Sie ihn und seine Beschwerde ernst nehmen. Denken Sie während des Telefonats daran, dass dieser Kunde positiv und wertvoll für Ihre Firma ist – weil er als Kunde schließlich das Überleben Ihres Unternehmens sichert. So gewinnen Sie eine positive Ausstrahlung – das macht das Telefonat einfacher und erleichtert es, eine Einigung zu finden.

Wenn Kunden nicht zahlen wollen

Im ersten Kapitel haben Sie am Beispiel von Florian Buchholz erfahren, wie man mit anwaltlicher Hilfe doch noch zu seinem Honorar kommt. Doch nicht für alle Selbständigen ist das ein gangbarer Weg. Manchmal ist schlicht der Aufwand zu groß, der erbracht werden müsste, um die Forderungen einzutreiben, und es bleibt nur der Lerneffekt für die Zukunft.

Immer wieder kommt es zu Missverständnissen zwischen Auftraggebern und Auftragnehmern. Wenn es darum geht, wie sich dies vermeiden lässt, stecken viele Gründer in einem inneren Konflikt: Sie wissen, dass Notizen nützlich sind, aber sie trauen sich einfach nicht, das Besprochene schriftlich festzuhalten und sich bestätigen zu lassen. Sie haben Angst, dass das die persönliche Geschäftsbeziehung stören und vom Gesprächspartner als Misstrauen angesehen werden könnte. Dabei ist ein solches Verhalten ein Zeichen von Professionalität. Und im Normalfall reicht es aus, wenn Sie nach einem formlosen Gespräch die Inhalte zusammenfassen und Ihren Gesprächspartner um Bestätigung bitten. Das ist auch sehr nützlich, weil einem manchmal beim Durchlesen auffällt, dass manche Punkte doch noch unklar oder missverständlich sind. So ergibt sich gleich die Gelegenheit, wieder nachzufragen. Und: Später können Sie einfach nachschauen, was Sie vereinbart haben.

Im Gespräch

*Werner Althaus** ist selbständiger Print- und Webdesigner. Ein gemeinnütziger Verein hatte ihn damit beauftragt, ein komplettes Corporate Design (unter anderem Geschäftspapiere, Einladungskarten, Website) zu entwickeln. Eineinhalb Jahre dauerte die Zusammenarbeit, bis Werner Althaus vor drei Monaten eine Rechnung in Höhe von rund 5.000 Euro stellte, die nicht beglichen wurde.

Warum bezahlt der Verein nicht?
Der Geschäftsführer des Vereins behauptet, dass er kein Geld hat. Ich habe mehrmals mit ihm gesprochen, Ratenzahlung angeboten und wollte ihm sogar auf halbem Weg entgegenkommen – aber er will überhaupt nichts bezahlen.

Haben Sie nicht überlegt, sich einen Anwalt zu nehmen, um noch an das Geld zu kommen?
Ja, darüber habe ich nachgedacht. Aber das finanzielle Risiko ist mir zu hoch, und ich bin auch menschlich so enttäuscht von diesem Kunden, dass ich keine Lust mehr habe, mich damit zu beschäftigen.

Welche Schlüsse haben Sie denn für sich aus dieser Erfahrung gezogen?
Ich war zu idealistisch, weil es um ein gesellschaftlich wichtiges Projekt des Vereins ging. Mit dem Geschäftsführer war ich zudem persönlich befreundet, er hat sich bei mir geradezu über seine Situation ausgeweint. Heute bin ich im Geschäftsalltag wesentlich zurückhaltender und misstrauischer. Und ich halte jetzt wirklich jede Kleinigkeit schriftlich fest. Ich lasse mir nicht nur Druckaufträge, sondern auch alle mündlichen Absprachen per E-Mail bestätigen. Heute würde ich so eine hohe Rechnung gar nicht auflaufen lassen, sondern eine Vorauszahlung vereinbaren, die zumindest meine laufenden Kosten deckt.

---

* Name geändert

Tipp

Lassen Sie sich coachen

Wenn Sie merken, dass Sie sich nicht überwinden können, Vereinbarungen schriftlich festzuhalten, gönnen Sie sich eine Coaching-Stunde speziell zu diesem Thema. Überlegen Sie gemeinsam mit Ihrem Coach, wie Sie sich selbst die Erlaubnis dazu geben können – selbst wenn Sie in einer Branche arbeiten, die sich einer gewissen Lockerheit rühmt. Als Coach habe ich oft mit Klienten zu tun, die in Schwierigkeiten stecken, weil schriftliche Vereinbarungen fehlen. Wenn sich dann nach einiger Zeit herausstellt, dass beide Seiten – die Selbständigen auf der einen und die Kunden auf der anderen Seite – unterschiedliche Erwartungen haben, ist es sehr viel schwerer, Missverständnisse aus dem Weg zu räumen und eine gute Lösung zu finden.

So führen Sie Preis- und Honorarverhandlungen mit Kunden

Es gibt Gespräche, bei denen den Beteiligten nicht klar ist, dass es um Konflikte geht; dazu gehören Verhandlungen über Preise und Honorare. Hier kommen Sie weiter, wenn Sie bei der Vorbereitung berücksichtigen, dass auch in einer solchen Situation unterschiedliche Interessen aufeinanderprallen.

Vielen Gründern und Selbständigen sind Gespräche über ihre Preise unangenehm. Sie haben Angst, den Kunden mit ihren Forderungen zu verärgern. Daher sprechen sie dieses Thema von sich aus oft gar nicht erst an – in der vagen Hoffnung, dass der Kunde ein angemessenes Honorar vorschlägt. In vielen Fällen ist es sogar so, dass Selbständige mit ihrer Arbeit beginnen, ohne dass vereinbart wurde, welche Entlohnung sie dafür erhalten. Wer sich auf diese Weise verhält, vergibt zum einen die Chance, sich als Profi zu präsentieren, der seinen Wert kennt. Zum anderen bringt er sich in die Lage, am Ende akzeptieren zu müssen, was der andere bietet. Besser ist es, wenn Sie sich auf das Thema Honorar gut vorbereiten und es vor der Auftragserteilung von sich aus ansprechen, wenn es der Kunde nicht macht.

Die Lizenz zum Verhandeln

Es war bereits davon die Rede, dass sich viele Menschen von dem Glaubenssatz „Alle müssen mich mögen“ daran hindern lassen, etwas für sich zu fordern. Sie wollen sich nicht in die Gefahr begeben, andere zu verärgern. Doch die Gesprächspartner bei Verhandlungen sind in der Regel nicht verärgert, wenn jemand die eigenen Interessen vertritt. Sie versuchen vielleicht, so wenig wie möglich zu bezahlen, aber das ist ja auch ihr gutes Recht. Schließlich müssen sie für ihr Unternehmen die Kosten gering halten. Und dass Sie als Auftragnehmer/in über Preise und Honorare sprechen möchten, ist den meisten bewusst.

Geben also auch Sie sich die Erlaubnis zu verhandeln und nutzen Sie Ihren Handlungsspielraum! Lassen Sie sich nicht davon einschüchtern, wenn es heißt, dass sowieso alle Auftragnehmer das gleiche Honorar erhalten. Das ist ein Argument, das Kunden gern verwenden, doch meist stimmt es genauso wenig wie die Aussage, dass alle Angestellten in der gleichen Position dasselbe Gehalt bekommen.

Im Folgenden finden Sie ein paar praktische Hinweise für Ihre Honorargespräche. Allein, dass Sie die Möglichkeit zu verhandeln in Erwägung ziehen, wird Ihre Erfolgsaussichten bei den nächsten Gelegenheiten ordentlich verbessern.

Bestimmen Sie die Höhe Ihrer Preise

Wie bei jedem anderen Konfliktgespräch ist auch hier vor allem die ausführliche Vorbereitung wichtig. Nehmen Sie sich dafür ausreichend Zeit.

- Recherchieren Sie die üblichen Preise und Honorare: Fragen Sie Kolleginnen und Kollegen aus Ihren beruflichen Netzwerken, und erkundigen Sie sich bei dem für Ihre Branche zuständigen Berufsverband – oft gibt es dort Leitfäden.
- Selbst wenn Pauschalen bezahlt werden: Legen Sie einen Tagessatz für Ihre Arbeit fest. Wenn Sie nicht wissen, wie hoch der sein muss, damit Sie einen Gewinn erzielen, lassen Sie sich von Experten zur Existenzgründung beraten.
- Kalkulieren Sie für sich den Zeitaufwand, erfragen Sie beim Auftraggeber die dafür notwendigen Details. Wenn Sie die Anzahl der Arbeitstage mit Ihrem Tagessatz multiplizieren, ergibt sich die Höhe des Honorars, das Sie fordern sollten. Machen Sie sich dabei Folgendes klar: Geht es um Pauschalen, neigen die meisten Selbständigen und Gründer dazu, den zeitlichen Aufwand zu niedrig einzuschätzen, weil sie den Auftrag ja in der Regel gerne annehmen möchte. Die Erfah-

rung zeigt aber, dass die meisten Dinge doch länger dauern als gedacht, sich als komplizierter darstellen oder eine gewisse Vorbereitungszeit erfordern. Das ist alles nicht dramatisch und der normale Gang der Dinge – nur dass durch den höheren zeitlichen Aufwand oft die Kalkulation nicht mehr stimmt. Nützlicher ist es daher, von vornherein nicht zeitlich am Limit, sondern mit einem gewissen Puffer zu kalkulieren. Denken Sie auch darüber nach, ob Sie Nebenkosten haben, die Sie dem Kunden in Rechnung stellen können.

Behalten Sie Ihren Preis im Blick

Geben Sie nicht einfach so Rabatte, sonst unterbieten Sie Ihr eigenes Limit. Überlegen Sie, wo Kompromisse möglich sind, und gewähren Sie Nachlässe nur aus strategischen Gründen.

- Vielleicht können Sie das Auftragsvolumen in Absprache mit dem Kunden verkleinern, wenn dieser einzelne Teilschritte selbst übernimmt oder beispielsweise Recherchen zuliefert. Oder das Projekt wird in einzelne Teilschritte untergliedert, die dann jeweils nach Abschluss des vorherigen Projektteils beauftragt werden.
- Eventuell ist ein „Rabatt" bei Großaufträgen sinnvoll, weil Sie dann Zeit für weitere Akquise sparen.
- Bei langfristig angekündigten Aufträgen können Sie einen Preisnachlass gewähren, weil sie weniger organisatorischen Aufwand bedeuten als kurzfristige Aufträge. (Ein Eilauftrag dagegen kann natürlich ein Argument für ein höheres Honorar sein. Schließlich haben Sie einen größeren Aufwand, da Sie vieles verschieben müssen.)
- Zum Einstieg können Sie höchstens einmalig ein niedrigeres Honorar akzeptieren. Es ist dabei aber wichtig, gleich festzuhalten, dass beim nächsten Mal erneut über das Honorar gesprochen wird.
- Wenn ein Auftraggeber Ihren Tagessatz herunterhandeln will, gehen Sie lieber nicht darauf ein. Besser ist es, ihm anzubieten, dass Sie beispielsweise nur neun Tage statt zehn in Rechnung stellen oder die Nebenkostenpauschale, die üblicherweise 20 Prozent beträgt, nur mit 15 Prozent verrechnen. Das hat den großen Vorteil, dass Sie bei der nächsten Verhandlung mit dem gleichen Tagessatz ins Rennen gehen können. Über die anderen Details lässt sich im Rahmen des Gesamtpakets dann wieder neu verhandeln.

- Außerdem gehört es zu Preisverhandlungen für größere Summen oder längere Projekte zu klären, wie die Zahlungsmodalitäten aussehen sollen. Legen Sie fest, ob Sie zum Beispiel die Gesamtsumme nach Lieferung, Raten in vorher festgelegten Teilschritten oder jeweils monatlich am Monatsende in Rechnung stellen werden.

Schaffen Sie eine gute Basis für Ihre Verhandlungen

Es ist wichtig, dass Sie eine gute Grundlage für Ihre Verhandlungen haben. Dafür können Sie einiges tun.

- Vermitteln Sie dem potenziellen Auftraggeber: Ja, ich bin interessiert und möchte den Auftrag gern übernehmen, wenn wir uns über die Konditionen einigen. Fragen Sie nach, was er Ihnen für ein Angebot machen kann. Es ist nützlich, so vorzugehen, denn dann haben Sie den Vorteil, reagieren zu können.
- Überlegen Sie, wie Sie selbst Situationen schaffen können, in denen es mehrere Interessenten für Ihr Produkt gibt: Zum Beispiel könnten Sie als Autor/in das Exposé für ein Buchprojekt mehreren Verlagen anbieten statt nur einem.
- Machen Sie sich innerlich davon unabhängig, ob bestimmte einzelne Aufträge hereinkommen oder nicht. Ihre Selbständigkeit muss auf einem soliden Fundament stehen und sollte nicht nur von einem Auftraggeber abhängen. Falls Sie diesen Hinweis als zynisch empfinden, weil Sie unter großen Existenzängsten leiden, lassen Sie sich dringend beraten, ob das Konzept Ihrer Selbständigkeit überhaupt tragfähig ist.

Legen Sie Ihre Verhandlungstaktik fest

Sie sind kein armes Opfer, dem Preisverhandlungen irgendwie passieren. Machen Sie sich bewusst, wie Sie den Lauf der Gespräche erfolgreich aktiv beeinflussen können, und nutzen Sie diese Möglichkeiten.

- Legen Sie vor der Verhandlung das absolute Minimum fest. Wenn der Auftraggeber nicht einmal diesen Preis bezahlen will, lehnen Sie den Auftrag ab.
- Rechtfertigen Sie sich nie für Ihre Forderung!

- Sagen Sie keinesfalls sofort ja oder nein, falls Sie mit dem Angebot nicht einverstanden sind. Bitten Sie stattdessen um Bedenkzeit. Sammeln Sie sich in dieser Zeit und wägen Sie die Vor- und Nachteile noch einmal ab: Lohnt es sich vielleicht doch aus Renommee-Gründen, den Job anzunehmen? Überlegen Sie auch, welche Kompromisse Sie noch nicht vorgeschlagen haben.
- Wenn der Auftraggeber Ihnen nicht von sich aus den ausgemachten Preis bestätigt, schreiben Sie eine E-Mail, in der Sie den Umfang Ihrer Leistung, den Abgabetermin sowie das Honorar plus Mehrwertsteuer auflisten. Bitten Sie den Auftraggeber, Ihnen kurz den Eingang und Inhalt dieser Nachricht zu bestätigen.

Ist Ihre Einstellung für die Verhandlungen nützlich?

Psychologische Faktoren spielen bei Preisverhandlungen eine große Rolle. Dieses Thema ist für Gründer und Selbständige nicht immer leicht. Auf der anderen Seite haben Sie es selbst in der Hand, sich auch mit Ihrer persönlichen Einstellung auseinanderzusetzen und in Zukunft ein anderes Verhalten auszuprobieren.

Am besten entspannen Sie sich erst einmal: Bei Verhandlungen geht es schließlich nicht darum, dass einer den anderen über den Tisch ziehen will. Vielmehr stehen in der Regel gemeinsame Interessen (man würde gern zusammenarbeiten) sowie gegensätzliche Interessen (der Auftraggeber möchte so wenig wie möglich zahlen, der Auftragnehmer so viel wie möglich erhalten) im Raum. Bei der Honorarverhandlung geht es nun darum auszuloten, ob die Beteiligten sich auf einen Preis einigen können, das für beide Seiten akzeptabel ist. Die Grundhaltung ist die gleiche wie bei anderen Konfliktfällen – „Ich bin o. k., Du bist o. k.“ –, man begegnet sich mit gegenseitigem Respekt. Wenn Ihr Verhandlungspartner das spürt, wird es ihm leichterfallen, Ihnen entgegenzukommen. Zudem wird er motivierter sein, den ihm zur Verfügung stehenden Handlungsspielraum auszuschöpfen.

Überprüfen Sie Ihre eigene Einstellung: Wenn Sie Preisverhandlungen unangenehm und lästig finden, spüren die Kunden das in der Regel. Dadurch fühlen sie sich ermutigt, mit Ihnen nicht auf gleicher Augenhöhe verhandeln zu müssen. Es ist wichtig, dass Sie diese Gespräche ernst und wichtig nehmen, denn sie bilden die Basis für Ihr wirtschaftliches Überleben als Selbständige/r. Es gibt also überhaupt keinen Grund, ihnen keinen großen Stellenwert einzuräumen. Beachten Sie aber, dass eine spielerische Haltung vieles leichter macht. Freuen Sie sich also auf solche Gespräche und feiern Sie, wenn Sie einen wirklich guten Preis ausgehandelt haben.

Wenn Sie große Angst davor haben, Forderungen auszusprechen, überprüfen Sie Ihr Selbstwertgefühl. Können Sie sich selbst zugestehen, dass Sie und Ihre Leistung das geforderte Honorar wert sind? Falls Sie damit Schwierigkeiten haben, machen Sie ein Coaching zu diesem Thema. Denken Sie gemeinsam mit Ihrem Coach darüber nach, wie Sie Ihr Selbstwertgefühl stärken können.

Ein anderer Fall liegt vor, wenn Sie immer wieder feststellen müssen, dass Auftraggeber Ihre aus Ihrer Sicht berechtigten Forderungen nicht erfüllen wollen. Schauen Sie sich dann Ihre Selbstpräsentation genauer an. Treten Sie wirklich in jeder Hinsicht – beispielsweise, was das Verhalten am Telefon, die Geschäftsausstattung und die Kleidung betrifft – professionell auf? Oder vermitteln Sie vielleicht den Eindruck, Sie würden nur aus Idealismus bestimmte Projekte unterstützen oder die Selbständigkeit als Hobby betreiben?

Achten Sie außerdem darauf, dass Sie bei Honorarverhandlungen nicht in die Rolle des „angepassten Kindes“ (im Sinne der Transaktionsanalyse) rutschen, das in vorauseilendem Gehorsam schon einmal vorsichtig das eigene Angebot nach unten korrigiert – weil es vom Kunden moralische Vorhaltungen über einen zu hohen Preis befürchtet. So machen Sie sich klein und räumen dem Kunden unbewusst die Rolle des Eltern-Ichs ein. Eine Verhandlung kann jedoch nur von Erfolg gekrönt sein, wenn Sie beide von Erwachsenen-Ich zu Erwachsenen-Ich sprechen.

10. Wenn aus Konflikten Krisen werden

Krisen passieren nicht einfach, sie sind meist die Folgen ungelöster Konflikte. An vernünftiges Arbeiten ist dann manchmal gar nicht mehr zu denken. Und wer versucht, trotzdem einfach so weiterzumachen wie immer, verschlimmert in der Regel die Situation nur. Wenn Sie feststellen, dass sich die Lage zuspitzt, ziehen Sie sofort die Notbremse und betreiben Sie aktives Krisenmanagement. Nur dann schaffen Sie es, Schritt für Schritt aus der Krise herauszufinden.

Durchhalteparolen à la „Es wird schon alles gut werden", „Das wird sich schon noch einrenken" oder „Augen zu und durch" mögen vielleicht in manchen Situationen ihre Berechtigung haben. Doch wenn es um ungelöste Konflikte geht, können sie fatale Auswirkungen mit sich bringen. Wenn Sie sich mit einem schwelenden Konflikt nicht beschäftigen, wird er nur in den allerseltensten Fällen von allein verschwinden, vielmehr ständig in Ihnen weitergären.

Die meisten Menschen sind sich des Ernstes und der Dramatik einer solchen Lage gar nicht bewusst. Konflikte, die im psychologischen Sinn nicht bearbeitet werden, mit denen man sich nicht beschäftigt und die man unbewusst zu verdrängen versucht, haben das Potenzial, früher oder später in eine Krise zu münden. Krisen sind also oft die Folge ungelöster Konflikte. Sie werden häufig erst wahrgenommen, wenn der Körper mit psychosomatischen Störungen darauf hinweist, dass es so nicht weitergehen kann. Und dann sind die Betroffenen dazu gezwungen, sich endlich mit dem Problem auseinanderzusetzen. Sie werden nicht umhinkommen festzustellen, dass sie sich mitten in einer Krise befinden.

Während Konflikte im Berufsleben meist noch einigermaßen eingrenzbar sind und nur einzelne Bereiche betreffen, stellt eine Krise die ganze Basis Ihrer Arbeit infrage. Bei einer Krise haben wir, anders als bei einem Konflikt, das Gefühl, völlig den Boden unter den Füßen zu verlieren. Krisen haben damit eine weitaus existenziellere Dimension als Konflikte.

Wie entwickelt sich eine Krise?

Eine berufliche Krise ist wie andere Krisen auch der Höhe- und Wendepunkt einer gefährlichen Entwicklung. Nach psychologischem Verständnis sind Krisen aber nicht nur bedrohliche, sondern auch lebensnotwendige Prozesse. Aus Sicht der Integrativen Therapie nach Hilarion Petzold treten sie immer dann auf, wenn sich Persönlichkeitsstrukturen gegenüber anstehenden Veränderungen als zu starr erweisen.

Eine Krise lässt sich definieren als eine labile Situation, in der sich ein Mensch befindet. Sie bedeutet zunächst Bedrohung. Die alltägliche Lage, bezogen auf Job und Arbeitsplatz, wird zunehmend instabiler. Die Krise schließt den Verlust von etwas Altem, Bewährtem und die Angst vor etwas Neuem, Unbekanntem mit ein. Damit steht sie am Beginn einer Veränderung, doch sind die Weiterentwicklung und der Ausgang noch ungewiss.

Ein wichtiges Merkmal ist auch, dass eine Krise sich nicht von einem Tag auf den anderen entwickelt, sondern immer eine Vorgeschichte hat. Das erkennt man allerdings meist erst im Nachhinein.

Diejenigen, die in einer Krise stecken, können oft gar nicht mehr erkennen, was genau eigentlich los ist. Der Alltag funktioniert plötzlich nicht mehr, sie fühlen sich hilflos und sehen keinen Ausweg. Um das Wesen und das Ausmaß einer Krise zu erfassen und letztlich auch den Weg heraus zu finden, muss man erst einmal genau analysieren, welche Dimensionen der Persönlichkeit betroffen sind. Dabei hilft das Konzept der „Fünf Säulen der Identität".

Die Säulen der Identität

Als wichtigste Lebensbereiche, auf denen sich die Identität eines Menschen gründet, sieht das Konzept der Integrativen Therapie folgende an:

1. Körper, physische Gesundheit, Sexualität
2. Soziales Netz, Freunde, Beziehungen, Partner
3. Tätigkeiten, Arbeit, Freizeitgestaltung
4. Wohnen, Geld, Materielles
5. Werte, Religion, Spiritualität

Um eine Krise überwinden zu können, müssen die betroffenen Dimensionen genauer betrachtet werden:

- Welche und wie viele Säulen der Identität sind „angeknackst"?
- Welche Säulen sind stabil, geben Sicherheit und wirken kompensierend?

Oft ist es so, dass eine berufliche Krise mit einer privaten Krise wie etwa einer Scheidung zusammenfällt. Und sei es deshalb, weil der Betreffende aus lauter Arbeitsstress den Partner und sich selbst schon länger vernachlässigt hat. Krisen erfassen also anders als Konflikte häufig die gesamte Person. Natürlich gibt es auch berufliche Krisen, die keine Rückkopplung mit dem Privatleben haben. Das ist ein großer Vorteil, denn so kann das Privatleben/der Partner Unterstützung dabei geben, mit der beruflichen Krise besser fertigzuwerden.

Wenn Sie den Eindruck haben, dass Sie in einer Krise stecken, betrachten Sie sich bitte nicht als armes Opfer widriger Umstände, sondern übernehmen Sie Verantwortung für Ihre Situation. Zögern Sie nicht, sich Unterstützung zu suchen – egal, ob Sie eher psychologische, betriebswirtschaftliche oder juristische Hilfe benötigen. Oft ist es sinnvoll, sich unterschiedliche Berater für die verschiedenen Themen zu suchen. Das Erschreckende ist, dass eine Krise meist mehrere Lebensbereiche betrifft, und vielleicht haben Sie das Gefühl, dass die Schwierigkeiten gar nicht mehr aufhören. Doch wenn Sie beginnen, sich langsam wieder aus der aktuellen Situation herauszuarbeiten, werden Sie feststellen, dass sich die Dinge nach und nach klären. Ein Lebensbereich nach dem anderen wird wieder stabiler. Das, was vorher eine negative Abwärtsspirale war, entwickelt sich dann zur positiven Aufwärtsspirale.

Wie Sie Krisen erleben und verarbeiten, hängt nicht nur davon ab, wie tiefgreifend und allumfassend die Erschütterungen sind, sondern auch davon, welche Erfahrungen Sie bisher gemacht haben. Wenn Sie einmal erkannt haben, dass Sie Krisen nach einiger Zeit bewältigen können, werden Sie in der nächsten Krise ebenfalls daran glauben, es wieder zu schaffen.

11. Hier finden Sie professionelle Unterstützung

Sich neben dem täglichen Geschäft auch noch um Konflikte zu kümmern – das ist für Selbständige und Unternehmer eine Herausforderung. Sie müssen sie allerdings nicht allein bewältigen. Nutzen Sie die Weiterbildung in Workshops oder Einzel- und Gruppencoachings, um sich für Konfliktgespräche fit zu machen. Auch eine Mediation kann in sehr verfahrenen Situationen dazu beitragen, dass die Konfliktpartner gemeinsam eine Lösung entwickeln. In diesem Kapitel erfahren Sie mehr über diese verschiedenen Möglichkeiten.

Konflikte erkennen, Konfliktgespräche führen, eine Krise managen – ganz schön viel, was das Arbeitsleben Ihnen als Gründer/in oder Selbständige/r nebenher abverlangt. „Wie soll ich das nur hinbekommen?“, werden Sie sich vielleicht fragen. Wenn Sie das Gefühl haben, allein nicht weiterzukommen, holen Sie sich die Unterstützung von Profis.

Workshops: Schulen Sie Ihr Konfliktverhalten

Bei einem Workshop zu „Konfliktmanagement“ können Sie sich in einer Gruppe mit Ihrer individuellen Haltung Konflikten gegenüber beschäftigen. Sie erfahren, welcher Konflikttyp Sie sind und wie Sie Konflikte erkennen. Meist sind verschiedene Konflikttypen vertreten, was einen großen Erkenntnisgewinn für die Teilnehmer ermöglicht. Hier haben Sie die Chance, jemanden zu erleben, der im Vergleich zu Ihnen genau entgegengesetzt in einem Konflikt reagiert. Vielleicht können Sie nicht verstehen, warum ein bestimmter Kunde sehr schnell aufbrausend reagiert, obwohl Sie ihn doch Ihrer Ansicht nach immer sehr besonnen ansprechen. Oder aber Sie können nicht nachvollziehen, warum eine Mitarbeiterin gekränkt auf Ihre Kritik reagiert. Anders als im wirklichen Leben sind im Workshop die Beziehungen der Teilnehmer neutral und noch nicht durch Vorerfahrungen geprägt. Das ermöglicht eine neue Sichtweise nicht nur auf das eigene Verhalten, sondern auch auf das anderer Menschen.

Vor allem haben Sie die Möglichkeit, in Rollenspielen Konfliktgespräche zu üben. Dabei können Sie ausprobieren, welche Art der Kommunikation und welche Formulierungen hilfreich sind, um mit dem Konfliktpartner eine Einigung zu erzielen. Bei dieser Gelegenheit wird ebenfalls sehr deutlich, wann sich ein Gegenüber nicht mehr auf Augenhöhe angesprochen fühlt und beleidigt, aggressiv oder zurückweichend reagiert, sodass keine Lösung des Problems mehr möglich ist. Interessanterweise entwickelt sich in den Rollenspielen die Dynamik der Konflikte sehr ähnlich wie im richtigen Leben – obwohl die Teilnehmer nur wenig Information über ihre Rolle haben. Die Haltung, dem Konfliktpartner weder als Opfer noch als Verfolger zu begegnen, ist bedeutsam. Sie werden zudem feststellen, dass nicht einzelne Details den Ausschlag geben, sondern dass die Art der Kommunikation entscheidet, ob es gelingt, den Konfliktpartner bei der Suche nach einer Lösung ins Boot zu holen.

Coaching: Lösungen für den Einzelfall

Wenn Sie in akuten Konflikten feststecken und nicht wissen, wie Sie eine Lösung herbeiführen sollen, kann ein Einzelcoaching hilfreich sein. Der Begriff „Coaching“ kommt ursprünglich aus dem Sport. Als persönlicher Trainer begleitet der Coach den Sportler durch Höhen und Tiefen. Er kennt dessen Stärken und Schwächen und entwickelt gemeinsam mit ihm einen optimalen Trainingsplan. Dieses Konzept wurde auf das Berufsleben übertragen. Dabei steht, anders als etwa bei einer EDV-Schulung, nicht die Vermittlung von Sachinhalten im Vordergrund. Und anders als bei einem Training werden nicht bestimmte Verhaltensweisen eingeübt. Vielmehr ist der Coach eine neutrale Person, die Menschen in einer speziellen beruflichen Situation berät.

Egal ob Mann oder Frau – die Bezeichnung stammt aus dem Englischen und lautet in beiden Fällen einfach „Coach“. Derjenige, der dessen Dienste in Anspruch nimmt, wird als „Coachee“ bezeichnet. Der Coach gibt keine vorgefertigte Lösung vor, sondern hilft dem Coachee, den eigenen Standort zu bestimmen und sich über die Situation klarzuwerden, um am Ende Handlungsalternativen und Lösungen zu finden. Das bedeutet, dass Selbsterkenntnis und das Finden eines eigenen Lösungswegs angestrebt werden; dabei hilft Coaching auf mehreren Ebenen.

Anteilnahme erfahren

Schwierige Konfliktsituationen sind meist mit starken Ängsten verbunden, Ängsten, das Problem nicht in den Griff zu bekommen. Die Aufgabe des Coachs besteht darin, Sie als Coachee, wenn es nötig sein sollte, erst einmal zu stabilisieren. Dazu muss der Coach Verständnis zeigen. Zu merken, dass man nicht allein ist, hat einen großen Entlastungseffekt und hilft, unangenehmen Wahrheiten besser ins Auge sehen zu können.

Sich selbst erkennen

Um in Konfliktsituationen angemessen handeln zu können, ist es wichtig, erst einmal genauer über sich selbst Bescheid zu wissen. Coaching unterstützt dabei,

- die eigenen Gefühle wahrzunehmen und anzusprechen,
- wiederkehrende Muster zu durchschauen,

- eigene Stärken und Schwächen richtig einzuschätzen,
- eigene Blockaden zu erkennen.

Das berufliche Umfeld als System sehen

Um angemessen reagieren zu können, ist es hilfreich, sich die Zusammenhänge im beruflichen Umfeld bewusstzumachen. Ähnlich wie in einer Familie bilden die beteiligten Akteure, zum Beispiel Kunden, Mitgründer oder Mitarbeiter, ein System, in dem alle Handlungen aufeinander bezogen sind und voneinander abhängen. Der Coach hilft Ihnen als Coachee dabei, die verschiedenen Teile eines Problems deutlicher zu sehen. Sie lernen zum einen, sich mit Ihrer Verantwortung für die Situation auseinanderzusetzen, zum anderen, sich in die Lage des anderen hineinzuversetzen. Die Fragen, die Sie sich stellen müssen, wenn Situationen aus dem Ruder laufen, heißen deshalb:

- Wie verhalte ich mich – und aus welcher Motivation heraus?
- Welche Wechselwirkungen erzeugt das?

Die Antworten darauf ergeben keine simple, allgemeingültige Verhaltensformel. Jede Situation ist anders gelagert, und der Coach hilft Ihnen, Ihre Rolle im Gesamtsystem selbstkritisch zu hinterfragen.

Abgrenzung lernen

Wenn Sie in Ihrer Selbständigkeit wachsen wollen, müssen Sie sich den Herausforderungen stellen. Dazu gehört es, sich anderen gegenüber abzugrenzen und beispielsweise zu einem Kunden auch einmal nein zu sagen. Oder die eigenen Überzeugungen ihm gegenüber deutlich zu machen und dazu zu stehen. Gerade hier hilft ein Coach, sich weder zu kritisch noch zu selbstgefällig zu sehen und die Wirkung des eigenen Verhaltens auf andere klarer zu erkennen.

Vorbereiten von Konfliktgesprächen

In Konfliktsituationen können Sie mit einem Coach ganz gezielt besprechen, um welches Problem es aktuell geht, und anstehende Konfliktgespräche vorbereiten. Der Coach hilft Ihnen, sich in die Lage des Konfliktpartners hineinzuversetzen. So sind Sie während des Gesprächs besser vor Überraschungen gefeit und können das Gespräch souveräner führen.

Wie finde ich den richtigen Coach für mich?

Wie bei der Partnerwahl ist es nicht einfach, die richtige Person zu finden, die in einem professionellen Beratungsprozess helfen kann, das eigene berufliche Potenzial zu optimieren und auszuschöpfen. Das ist auch schwierig, weil weder der Begriff „Coaching“ geschützt ist noch eine verbindliche Ausbildung nötig ist: „Coach“ kann sich jeder nennen.

Zur Person

Thema des Coachings ist stets der Job. Deshalb sollte ein Coach Erfahrungen im Berufsleben haben, Unternehmen auch von innen kennen und wissen, welche Spielregeln dort gelten. Außerdem sollte er finanziell unabhängig und nicht auf Sie als Kunden angewiesen sein, also noch aus anderen Tätigkeiten neben dem Coaching ein Einkommen beziehen, beispielsweise als Trainer oder Referent. Wenn Sie Zweifel an der Kompetenz des Coachs haben, er Ihnen nicht sympathisch ist oder nach ein paar Stunden Coaching nichts herauskommt, dann versuchen Sie nicht, Ihre Zweifel zu beschwichtigen. Suchen Sie sich einen anderen Anbieter.

Faktor Methodenvielfalt

Inzwischen bieten viele Trainingsinstitute Ausbildungen zum Coach an, die Qualität ist unterschiedlich. Ein Inhalt der Ausbildung sollte auf jeden Fall die intensive Auseinandersetzung mit der Rolle als Coach und mit den eigenen Stärken und Schwächen sein. Coaching ist mehr als nur ein nettes Gespräch in persönlicher Atmosphäre. Zwar muss ein Coach kein Psychologe sein, aber er braucht ein psychologisches Grundverständnis. Eine therapienahe Ausbildung schadet dabei nicht. Allerdings ist es wünschenswert, dass keine Richtung oder Methode dominiert, sondern der Coach sich in verschiedenen Beratungsmethoden fortgebildet hat.

Ist das der Fall, kann der Coach aus einem breiten Spektrum von Übungen und Methoden auswählen, das zum Beispiel vom Vorgehen nach der Transaktionsanalyse oder mithilfe des Neurolinguistischen Programmierens (NLP) über ein Rollenspiel bis hin zum Malen eines Bildes reichen kann. Auf jeden Fall sollte der Coach die Situation „systemisch“ betrachten können. Das bedeutet, dass er nicht nur Ihre Position sieht, sondern auch die der anderen Beteiligten. So hilft er Ihnen, den eigenen Anteil am Problem zu erkennen. Außerdem spielt die Fähigkeit des Coachs, die richtigen Fragen zu stellen, eine große Rolle, um Klienten die Augen für neue Handlungsmöglichkeiten zu öffnen. Scheuen Sie sich nicht, den Coach nach seiner Ausbildung und seinen Fortbildungen zu fragen. Ein seriöser Anbieter wird darauf immer gern antworten.

Fokus: die berufliche Situation

Selbst wenn beim Coaching hin und wieder private Probleme eine Rolle spielen, weil sie eng mit den beruflichen verknüpft sind, muss bei der Beratung die berufliche Situation im Vordergrund stehen. Basis ist immer ein konkretes Job-Problem oder ein Konflikt, für den der Coach gemeinsam mit dem Klienten nach einer Lösung sucht. Wichtig: Bereits in der ersten Sitzung sollte das Thema des Coachings klar definiert und eine Zielvereinbarung getroffen werden. Folgende Fragen sind dabei zu beantworten:

- Was wollen Sie erreichen?
- Was wollen Sie verändern?
- Wie kann Sie der Coach dabei unterstützen?

Überlegen Sie auch gemeinsam mit dem Coach, wie Sie das Erreichen der Ziele messen wollen. Leiden Sie etwa darunter, dass andere ständig etwas von Ihnen wollen, und haben Sie das Gefühl, wichtigen Teilaufgaben nicht gerecht werden zu können? Mithilfe des Coachings könnten Sie versuchen, Aufgaben zu delegieren, um in Zukunft eine Stunde Ihres Arbeitstags für die strategische Planung zur Verfügung zu haben. Ob das gelingt, lässt sich dann im Alltag gut erkennen.

Genaue Zeitplanung

Die meisten seriösen Coachs sind sich einig: Bezogen auf ein bestimmtes berufliches Problem sollten in der Regel rund zehn Sitzungen reichen. Oft kommt man aber auch bereits mit zwei oder drei Terminen sehr weit. Taucht während des Coachings ein neues Thema auf, muss dies neu definiert und der zeitliche Rahmen neu gesteckt werden. Bei einem Treffen pro Monat sollte das Coaching nicht länger als zwei Jahre dauern. Sonst besteht die Gefahr, dass der Coach „betriebsblind“ wird und Sie als Klient von ihm abhängig werden.

Zusammenarbeit ohne Kündigungsfrist

Als Coachee müssen Sie jederzeit aus Ihrem Vertrag aussteigen können, egal ob es eine mündliche oder schriftliche Vereinbarung darüber gibt, wie viele Sitzungen geplant sind – vorausgesetzt, Sie sagen den nächsten vereinbarten Termin rechtzeitig ab. In jedem Fall ist ein Abschlussgespräch sinnvoll, bei dem Sie ein Fazit ziehen, was Sie mit dem Coach erreicht haben und was nicht.

Abstand wahren

So sollte es sein: Der Coach geht individuell auf Sie ein, hält sich aber mit eigenen Bewertungen zurück. Er hängt keiner Ideologie an und stülpt Ihnen nicht seine persönliche Meinung über. Er begegnet Ihnen mit Sympathie und schafft es, trotz der Nähe, die durch das Besprechen persönlicher Themen während des Coaching-Prozesses entsteht, professionelle Distanz zu wahren.

Gut zu wissen

Coaching ist keine Therapie

Coaching ist keine Therapie für tiefgreifende persönliche Probleme und ersetzt sie auch nicht. Gut also, wenn der Coach Ihnen in solchen Fällen Adressen nennen und jemanden empfehlen kann – zum Beispiel für eine kurzfristig angelegte Gesprächstherapie.

Freiwillige Selbstkontrolle

Auch ein Coach sollte sich regelmäßig coachen lassen und mit einem Kollegen oder einem Therapeuten Probleme diskutieren und mögliche Fehler analysieren. Diese „Supervision", wie der Fachbegriff dafür lautet, ist eine Art Qualitätskontrolle für die Arbeit des Coachs.

Wo finde ich einen Coach?

Am besten finden Sie kompetente Coachs natürlich über persönliche Empfehlungen aus Ihrem Bekanntenkreis oder Ihrem beruflichen Netzwerk. Ansonsten können Sie bei Beratungsstellen für Existenzgründer nachfragen, ob man Ihnen dort einen Coach empfehlen kann.

Was kostet Coaching?

Beim Coaching wird meist nach Stunden (50 bis 60 Minuten) abgerechnet. Eine Sitzung kann eine Stunde oder 90 Minuten dauern. Bei einer längeren Anreise werden manchmal auch längere Termine vereinbart. Der Stundensatz beginnt bei rund 100 Euro. Für tageweises Coaching wird ein individueller Preis berechnet.

Gruppencoaching

Statt eines Einzelcoachings können Sie auch an einem Gruppencoaching teilnehmen. In einer kleinen Gruppe – in der Regel mit maximal sechs Teilnehmern – treffen Sie sich über einen bestimmten Zeitraum, beispielsweise über ein halbes Jahr, einmal im Monat. In der Gruppe sprechen Sie berufliche Themen an, bei denen Sie allein nicht weiterkommen, um Problemlösungen und neue Handlungsoptionen zu suchen. Unterschiedliche methodische Ansätze, das Gespräch mit dem Coach und den anderen Teilnehmern unterstützen Sie dabei, Lösungsstrategien für aktuelle Konflikte zu entwickeln. Für Frauen gibt es ein solches bundesweites Angebot beispielsweise im Internet unter www.businesscoaching-netz.de. Vom Gruppencoaching können Sie in folgender Hinsicht profitieren:

- Sie lernen sich selbst, Ihre Handlungsmuster und Ihre „Stolpersteine" kennen.
- Sie erhalten professionelles Feedback.
- Sie stärken Ihre Selbstsicherheit.
- Sie reflektieren „typisch männliche" auf der einen und „typisch weibliche" Verhaltensweisen auf der anderen Seite.
- Sie profitieren von den bisherigen beruflichen Erfahrungen anderer Teilnehmer.
- Sie gehen souverän mit schwierigen beruflichen und zwischenmenschlichen Situationen um.
- Sie verbessern Ihre Work-Life-Balance.

Mediation: Ein Unbeteiligter vermittelt

Eine Zusammenarbeit, die permanent von offenen oder verdeckten Konflikten belastet ist, wird immer unerträglicher. Oft mündet das darin, dass sich die Widersacher ständig bekämpfen oder zurückziehen. Irgendwann ist eine Zusammenarbeit kaum noch möglich. Andererseits können Konflikte positive Effekte haben, wenn sie gemeinschaftlich gelöst, Hürden gemeinsam genommen und Weiterentwicklungen angestoßen werden. Dabei kann ein Mediator oder eine Mediatorin helfen: Eine dritte, an der Krise unbeteiligte Person stellt sich als Vermittler zur Verfügung. Sie unterstützt alle am Konflikt Beteiligten dabei, Ursachen zu klären und Strategien für eine einvernehmliche Lösung zu entwickeln.

Bereits seit Jahren wird Mediation in Deutschland im Bereich privater und familiärer Konflikte angewandt, beispielsweise bei Scheidungen. Hier können Mediatoren helfen, einvernehmliche außergerichtliche Einigungen herbeizuführen. Im Wirtschaftsbereich in Deutschland steckt die Mediation zwar noch in den Kinderschuhen, findet jedoch immer mehr Anhänger. Anders als ein Coach, der auf der Seite seines Klienten steht, nimmt ein Mediator gegenüber den beteiligten Personen eine strikt neutrale Position ein. Mediatoren sprechen von „Allparteilichkeit"; sie stehen abwechselnd auf beiden Seiten. Professionelle Mediation ist eine anspruchsvolle Aufgabe. Für Pädagogen, Therapeuten, Psychologen oder Juristen (oder auch für Vertreter anderer Berufsgruppen mit entsprechenden Fähigkeiten) gibt es spezielle Schulungen, die den richtigen Umgang mit den Konfliktparteien trainieren.

Die Ziele von Mediation

Grundsätzlich wird eine Mediation durchgeführt, um die folgenden Zielsetzungen zu erreichen.

Kooperation

Bei einer Mediation geht es nicht um Sieg oder Niederlage, sondern darum, ein Problem gemeinsam zu lösen. Die Lösung geht nicht vom Mediator oder von der Mediatorin aus (wie bei einer Gerichtsverhandlung von einem Richter), sondern der Mediator stellt durch Fragen fest, welche Antworten die Parteien finden, um ihre Ziele und Bedürfnisse zu befriedigen. Die Beteiligten erarbeiten also selbst die Lösung.

Kommunikation

Wenn ein Konflikt schwelt oder auch offen zutage liegt, funktioniert die Kommunikation nicht mehr, das Vertrauen ist gestört, Misstrauen überwiegt. Informationen werden zurückgehalten, stattdessen wird – wenn überhaupt – über verletzte Gefühle und Vorwürfe gestritten, was ein sachliches Gespräch unmöglich macht. Die Aufgabe eines Mediators ist es, die Kontrahenten auf eine sachliche Ebene zurückzuführen, sodass diese wieder miteinander kommunizieren können.

Dazu gehört es, die Ursachen des Konflikts zu ergründen – samt den jeweiligen Ängsten, Bedenken und Befürchtungen. In Einzelfällen kann es sein, dass diese vorab in Einzelgesprächen ermittelt werden. In der Regel dienen die Vorgespräche aber nur dazu, die Rahmenbedingungen zu klären: Wer ist der Auftraggeber? Wer bezahlt? Wer sind die Konfliktparteien? Sind alle mit der Mediation einverstanden? Die Aufgabe des Mediators besteht dann darin, die Verhandlung über mögliche Lösungen zu führen. Wichtig dabei ist, dass die Konfliktthemen, Hintergründe und Gefühle vor den anderen Konfliktparteien erarbeitet werden, damit es zu einem Perspektivwechsel auf der jeweils anderen Seite kommt. Das ist die Voraussetzung für ein Umdenken und das Finden von Lösungsansätzen. Der Mediator macht das verständlich, was die Konfliktparteien vielleicht nicht ausdrücken können. Er spricht dann für diese Partei. Die andere Seite hat ja keinen Konflikt mit dem Mediator und kann deshalb das Gesagte besser annehmen.

Win-Win-Situation

Der Sinn und Zweck einer Mediation besteht darin, dass am Ende eine Win-Win-Situation entsteht. Alle Beteiligten sollen ihre Interessen einbringen, mit der gemeinsamen Lösung einverstanden sein und gut damit leben können. Anders als zum Beispiel bei einer gerichtlichen Auseinandersetzung gibt es bei diesem Verfahren keine Gewinner und Verlierer, wenn es richtig durchgeführt wird.

Zukunftsorientierung

Die Mediation dient nicht nur dazu, dass die Konfliktparteien ihre Streitpunkte klären. Sie soll die Beteiligten auch dazu befähigen, Konflikte in Zukunft selbständig zu lösen und rechtzeitig innezuhalten, wenn wieder einmal eine Meinungsverschiedenheit zu eskalieren droht. Eine Mediation zielt also wenn irgend möglich darauf ab, dass die Konfliktpartner weiter zusammenarbeiten können. Die Meditation ist zudem bestens geeignet, um bei geschäftlicher Trennung, Unternehmensnachfolge und Firmenauflösung Konflikte zu besprechen und zu klären und gemeinsam einen guten Weg zu finden.

Wann hilft Mediation?

Die alternative Streitbeilegung soll konstruktive und praktikable Konfliktlösungen schaffen. Wobei das Wort „Streit“ möglicherweise in die Irre führt: Mediation ist nicht nur etwas für offene und „laute“ Auseinandersetzungen, sondern vor allem für schwelende Konflikte. Mediation kann zum Beispiel in folgender Situation sinnvoll eingesetzt werden: Eine Kollegin und ein Kollege, die seit Jahren als Angestellte zusammengearbeitet haben, gründen eine eigene Firma. Die anfängliche Euphorie weicht bald einer großen Enttäuschung – beide hatten vom anderen mehr Einsatz erwartet, und jeder schiebt Pannen auf die Bequemlichkeit und Unfähigkeit des anderen. Beide sind voneinander auch finanziell abhängig; eine Trennung würde gleichzeitig das Ende der jungen Firma bedeuten.

Eine Mediation könnte in diesem Fall helfen, die Erwartungen der Partner aneinander offen auf den Tisch zu legen und herauszufinden, was jeder bereit zu geben ist und was nicht. So kann eine neue Basis für die Zusammenarbeit gefunden werden. Gelingt dies nicht, weil die Vorstellungen zu weit auseinanderliegen, kann der Mediationsprozess dazu beitragen, eine gütliche Trennung zu vollziehen. So lässt sich vermeiden, dass mithilfe von Anwälten und Gerichten darüber gestritten werden muss, wie viel welcher Geschäftsanteil wert ist.

Wie funktioniert Mediation?

Meist geht der Entschluss, einen professionellen externen Vermittler einzuschalten, zunächst nur von einer Seite aus. In der Regel bittet der Mediator dann den Auftraggeber oder die Konfliktpartei, die ihn kontaktiert hat, mit der anderen Konfliktpartei zu sprechen. Freiwilligkeit ist eine wichtige Voraussetzung für die anschließenden Gespräche. Bedingung ist außerdem absolute Vertraulichkeit, die alle Beteiligten respektieren müssen. Die Gespräche sollten in einem neutralen Raum im Unternehmen, in der Praxis des Mediators oder auf völlig neutralem Terrain, zum Beispiel in einem gemieteten Tagungsraum, stattfinden. Für das Verfahren einer Mediation gibt es keine vorgeschriebenen Abläufe, und die Mediatoren sind frei in der Wahl ihrer Methoden. Denkbar ist auch, dass Rollenspiele oder Wahrnehmungsübungen eingesetzt werden.

Für das Gespräch, das der Mediator in Gang setzt, gibt es gewisse Grundregeln. Eine heißt Offenheit – die beteiligten Parteien sollen einander möglichst ehrlich sagen, was sie stört. Dazu gehört es, die andere Partei ausreden zu lassen und ruhig zuzuhören. Der Mediator gibt dabei Hilfestellung. In einem ersten Gespräch sind die Parteien meist emotional so stark aufgeladen, dass es zu vielen Schuldzuweisungen kommt. Deshalb ist es im Normalfall so, dass die Beteiligten zu Beginn noch nicht direkt miteinander sprechen, sondern zunächst dem Mediator ihre Sicht der Dinge schildern. Der Konfliktpartner hört erst einmal nur zu. Sind alle Konfliktthemen benannt, wird für deren Bearbeitung eine Reihenfolge festgelegt.

Anschließend wird beim ersten Punkt begonnen, die Sichtweisen der Konfliktparteien hierzu werden geklärt. Der Mediator hört aufmerksam zu, fasst die einzelnen Beiträge zum besseren Verständnis aller immer wieder zusammen und achtet darauf, dass es nicht zu persönlichen Angriffen kommt.

In der nächsten Phase werden die Gefühle, Bedürfnisse, Differenzen, Gemeinsamkeiten und Wünsche der Konfliktpartner erarbeitet. Dabei entscheidet sich, ob die Mediation gelingen kann. Erst wenn es zu einem Perspektivwechsel gekommen ist, setzt die Suche nach der Problemlösung ein. Die Gesprächspartner äußern dann alle Wünsche und Vorstellungen, unabhängig davon, wie realistisch oder umsetzbar sie sind. Im nächsten Schritt werden realisierbare Lösungsvorschläge gesammelt. Häufig wird schriftlich festgehalten, worauf sich die Beteiligten einvernehmlich geeinigt haben. Damit ist die Aufgabe des Mediators aber noch nicht beendet. Er hält weiterhin Kontakt zu den Beteiligten und überprüft, ob die Vereinbarungen eingehalten werden und wie sich die Lösungen in der Praxis umsetzen lassen.

Wie Sie einen Mediator oder eine Mediatorin finden

Auch bei Mediatoren gilt: Am besten werden sie von einer Person in Ihrem Bekanntenkreis oder beruflichen Netzwerk empfohlen. Ansonsten informieren Sie sich bei Beratungsstellen für Existenzgründer oder bei den Industrie- und Handelskammern. In Deutschland gibt es drei große Mediationsverbände, bei denen Sie sich ebenfalls informieren können. Sie haben einen Standard für ihre Ausbildung erarbeitet und auf ihren Homepages Mediatoren gelistet, die danach ausgebildet wurden:

- Bundesverband Mediation in Wirtschaft und Arbeitswelt e. V., www.bmwa.de
- Bundesverband Mediation e. V., www.bmev.de
- Bundes-Arbeitsgemeinschaft für Familien-Mediation e. V., www.bafm-mediation.de

Auch die Website der Hamburger Mediationsstelle für Wirtschaftskonflikte (www.hk24.de), die von der Hanseatischen Rechtsanwaltskammer, dem Hamburger Institut für Mediation e. V. und der Hamburger Industrie- und

Handelskammer gegründet wurde, bietet Hilfe. Hier finden sich neben einer Liste von Mediatoren umfassende Informationen und Beispiele geglückter Mediationen.

Was kostet eine Mediation?

Die Honorare für Mediationen sind ganz unterschiedlich. Einen Richtwert bietet die Hamburger Mediationsordnung für Wirtschaftskonflikte. Sie sieht ein Stundenhonorar in Höhe von 150 bis 350 Euro beziehungsweise ein Tageshonorar in Höhe von 1.200 bis 2.800 Euro vor – jeweils zuzüglich der gesetzlichen Umsatzsteuer. Anhaltspunkte für die Festlegung des Honorars können die Höhe des Streitwerts und die Komplexität des zu behandelnden Sachverhalts sein.

Mehr als ein Buch: weitere Serviceleistungen

Das Lesen dieses Buches ist nur der erste Schritt. Wir wollen Sie auf dem sich anschließenden Weg begleiten und mit einer Reihe von Serviceangeboten unterstützen.

- Unser „Netzwerk für Existenzgründer und Selbständige" bei XING mit mehr als 50.000 Mitgliedern bietet die Möglichkeit, andere Gründer und Geschäftspartner kennenzulernen und sich mit ihnen darüber auszutauschen, wie sie bestimmte Konflikte gelöst haben.
- Die Autorin bietet Workshops sowie Einzelcoachings zum Thema Konfliktlösung an. Infos und Termine finden Sie im Internet unter www.jeder-ist-unternehmer.de/konflikt_ws.
- Auf unserer Website stellen wir Ihnen über die Inhalte des Buches hinausgehende Informationen zur Verfügung.
- Damit Sie keine wichtigen Hinweise zum Thema Konfliktmanagement verpassen, können Sie zudem unseren kostenlosen Newsletter abonnieren. Mit mehr als 60.000 Abonnenten gehört er zu den meistgelesenen Newslettern, wenn es um Gründung und Selbständigkeit geht.
- Weitere Informationen zu all diesen Aktivitäten und Serviceangeboten finden Sie unter www.jeder-ist-unternehmer.de.

Stichwort-verzeichnis